T0216324

BestMasters

Mit „**BestMasters**" zeichnet Springer die besten Masterarbeiten aus, die an renommierten Hochschulen in Deutschland, Österreich und der Schweiz entstanden sind. Die mit Höchstnote ausgezeichneten Arbeiten wurden durch Gutachter zur Veröffentlichung empfohlen und behandeln aktuelle Themen aus unterschiedlichen Fachgebieten der Naturwissenschaften, Psychologie, Technik und Wirtschaftswissenschaften. Die Reihe wendet sich an Praktiker und Wissenschaftler gleichermaßen und soll insbesondere auch Nachwuchswissenschaftlern Orientierung geben.

Springer awards "**BestMasters**" to the best master's theses which have been completed at renowned Universities in Germany, Austria, and Switzerland. The studies received highest marks and were recommended for publication by supervisors. They address current issues from various fields of research in natural sciences, psychology, technology, and economics. The series addresses practitioners as well as scientists and, in particular, offers guidance for early stage researchers.

Weitere Bände in der Reihe http://www.springer.com/series/13198

Lars Reichwein

Struktur von Coulomb-Clustern im Bubble-Regime

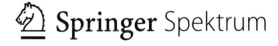

Lars Reichwein
Düsseldorf, Deutschland

ISSN 2625-3577   ISSN 2625-3615   (electronic)
BestMasters
ISBN 978-3-658-28897-6   ISBN 978-3-658-28898-3   (eBook)
https://doi.org/10.1007/978-3-658-28898-3

Die Deutsche Nationalbibliothek verzeichnet diese Publikation in der Deutschen National-
bibliografie; detaillierte bibliografische Daten sind im Internet über http://dnb.d-nb.de abrufbar.

Springer Spektrum ist ein Imprint der eingetragenen Gesellschaft Springer Fachmedien Wiesbaden
GmbH und ist ein Teil von Springer Nature.
Die Anschrift der Gesellschaft ist: Abraham-Lincoln-Str. 46, 65189 Wiesbaden, Germany

für Alexandra

Inhaltsverzeichnis

Abbildungsverzeichnis

Listings

1 Einführung

Teilchenbeschleuniger stellen ein fundamentales Werkzeug zur Untersuchung der Grundlagen der Physik dar. Häufig werden dazu Linearbeschleuniger eingesetzt, die ein elektrisches Feld nutzen, um Teilchen wie z.B. Elektronen oder Protonen zu beschleunigen [1]. Prinzipiell gilt dabei, dass eine höhere Feldstärke sowie eine längere Beschleunigungsstrecke mit einer höheren Endgeschwindigkeit/Energie der Teilchen einhergehen. Die Energie E eines Teilchens berechnet sich mittels

$$E = T + mc^2 = \gamma mc^2 \,, \tag{1.1}$$

wobei hier T die kinetische Energie, m die Ruhemasse des Teilchens und c die Lichtgeschwindigkeit bezeichnet. Der Lorentzfaktor γ ist gegeben als

$$\gamma = \frac{1}{\sqrt{1 - \frac{v^2}{c^2}}} \tag{1.2}$$

mit v als Geschwindigkeit des betrachteten Teilchens. Die maximal verwendbare Feldstärke ist für gewöhnlich dadurch begrenzt, dass es ab einem gewissen Punkt zum elektrischen Durchschlag kommt. Somit bleibt zunächst nur die Option einer längeren Beschleunigungsstrecke. Neben den Linearbeschleunigern gibt es daher das Konzept der Ringbeschleuniger, bei denen die Teilchen die Beschleunigungsstrecke mehrfach durchlaufen [2, 3]. Diese bieten weiterhin den Vorteil, dass Teilchen gespeichert werden können. Allerdings führt die zirkulare Bahn zu Strahlungseffekten, die für die Beschleunigung der Teilchen möglichst zu vermeiden sind. Der Vorteil in der Verwendung eines Plasmas besteht darin, dass hier wesentlich höhere Feldstärken ohne elektrische Durchschläge erreicht werden können, sodass nur eine

© Springer Fachmedien Wiesbaden GmbH, ein Teil von Springer Nature 2020
L. Reichwein, *Struktur von Coulomb-Clustern im Bubble-Regime*, BestMasters,
https://doi.org/10.1007/978-3-658-28898-3_1

kürzere Beschleunigungsstrecke nötig ist, um dieselben Energien wie bei den „herkömmlichen" Beschleunigern zu erreichen [4–6]. Plasma ist ein Aggregatzustand, bei dem die Elektronen nicht länger an den Atomkern gebunden sind, sondern sich frei bewegen können [7].

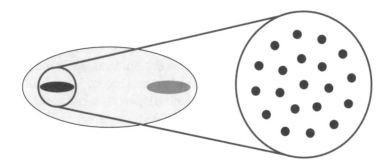

Abbildung 1.1: Schematische Darstellung der Bubble mit Vergrößerung des Elektronenbündels. Der Laserpuls (rote Ellipse) bewegt sich von links nach rechts und sorgt für die Entstehung der Bubble (blau). Die graue Ellipse stellt die eingefangenen Elektronen des Elektronenbündels dar, die mitbeschleunigt werden. Rechts daneben sind die hexagonalen Strukturen der Elektronen zu sehen, die sich im Querschnitt des Bunches bilden.

Ein Beispiel hierfür ist die Methode der Wakefield-Beschleunigung (im Englischen „laser-wakefield acceleration", kurz: LWFA). Hierbei wird ein starker, kurzer Laserpuls ($I = 10^{18}$ W/cm^2, $t \leqslant 1$ ps) in ein Plasma geschossen. Ist der Laserpuls intensiv genug und hat das Plasma eine hinreichend niedrige Dichte, so tritt das hochgradig nicht-lineare gebrochene Wellenregime auf, infolge dessen eine Kavität (auch Bubble genannt) erzeugt wird. Die Bubble folgt der Richtung des Laserpulses und bewegt sich mit nahezu Lichtgeschwindigkeit (siehe Abb. 1.1). Unter bestimmten Bedingungen werden Elektronen in der Bubble eingefangen und bilden ein Elektronenbündel [8–10]. Dies geschieht durch ein starkes quasi-harmonisches Potential, dass die Elektronen ins Zentrum der Bubble fokussiert. Dieses Elektronenbündel stellt die letztendlich beschleunigten Teilchen dar, die für verschiedene Experimente verwendet werden können. Dabei können experimentell Emittanzen von 0.1 − 1 mm mrad und Größen im Bereich einiger μm erreicht werden [11–14]. Neben der Methode der LWFA besteht auch die Möglichkeit der „plasma-wakefield acceleration" (PWFA), bei der die Elektronen nicht durch einen Laserpuls verdrängt werden, sondern durch die Raumladung eines Teilchenstrahls [11, 15–17]. Weiterhin existiert das Prinzip der „Trojan Horse acceleration", welche sich ein hybrides Konzept zunutze macht, um die Injektion der Elektronen in die Kavität zu kontrollieren [11, 18].

Die gröbere Struktur des Elektronenbündels wurde bereits in [19, 20] experimentell untersucht. Kern dieser Arbeit ist die feinere Untersuchung der Substrukturen. Eine Strukturierung des Elektronenbündels würde zu höheren Intensitäten sowie zu einer höheren Kohärenz der Quelle für die Compton-Streuung führen [21, 22]. Unter der Verwendung herkömmlicher, unstrukturierter Quellen wird bei der Compton-Streuung ein Laserpuls vom Elektronenbündel entgegen der Propagationsrichtung zurückgestreut, wobei dies mit einem weiten Spektrum hochenergetischer Photonen in einem großen Winkel einhergeht. Die Strukturierung des Bündels würde somit die Entwicklung neuartiger Quellen für kurzwellige Strahlung erlauben.

In vergangenen Arbeiten wurden die Substrukturen mittels einer Taylor-Entwicklung der Liénard-Wiechert-Potentiale in v/c untersucht. Die Taylor-Entwicklung dient hier vor allem dem Zweck, die sogenannten retardierten Zeiten effizient zu behandeln. Retardierte Zeiten sind die Konsequenz der endlichen Ausbreitungsgeschwindigkeit der Information über die Änderung eines (beispielsweise elektrischen) Feldes [23]. Dies bedeutet, dass der Empfänger eines solchen Signals von vergangenen Ereignissen beeinflusst wird, da diese ihn erst später erreichen.Theoretisch gäbe es auch avancierte Lösungen, bei denen ein Teilchen mit zukünftigen Signalen interagiert. Dies verletzt jedoch die Kausalitätskette und wir daher als unphysikalisch erachtet.

Insbesondere führen relativistische Geschwindigkeiten dazu, dass bewegte Teilchen Abstände anders wahrnehmen; die Felder wirken für sie verzerrt. Die retardierte Zeit ist allgemein gegeben als

$$t_{\mathrm{ret}} = t - \frac{1}{c}|\mathbf{r}_i - \mathbf{r}_j(t_{\mathrm{ret}})| \, , \qquad (1.3)$$

wobei die Indices i und j hier für zwei verschiedene Teilchen stehen. Diese implizite Form führt zu Problemen bei der Berechnung. Daher wurde für den Ansatz über die Taylor-Entwicklung die Annahme getroffen, dass $v \ll c$ ist, was im Allgemeinen für Plasmakavitäten nicht stimmt, da hier Geschwindigkeiten im relativistischen Bereich auftreten. Dennoch konnten hier bereits Strukturen erkannt werden, die auch bei exakteren Ansätzen zu beobachten sind: Im zweidimensionalen Fall (also wenn wir nur eine Scheibe des gesamten Elektronenbündels betrachten) können wir hexagonale Strukturen feststellen, die Wigner-Kristallen ähnlich sind [24–28]. Die hexagonale Struktur entsteht dadurch, dass die Elektronen einerseits eine von außen fokussierende Kraft erfahren, sich gleichzeitig aber durch Coulomb-Wechselwirkung abstoßen, daher auch die Bezeichnung „Coulomb-Cluster". Deshalb kommt es hier zur dichtest-möglichen Kugelpackung (in zwei Dimensionen), einem hexagonalen Gitter. In drei Dimensionen ergibt sich ein etwas anderes Bild: Unterteilt man das Elektronenbündel in 2D-Scheiben, so sieht man zwar erneut hexagonale Muster, in Propagationsrichtung sieht man wider Erwarten jedoch die Ausbildung von sogenannten Filamenten, also kleine „Fädchen" bestimmter Länge. Eigentlich würde man hier erneut die dichteste Kugelpackung erwarten, in drei Dimensionen also eine hcp-Struktur („hexagonal close packing"). Weshalb genau diese Strukturen auftreten, konnte in [29] nicht geklärt werden. Allerdings ist hier zu vermuten, dass dies ein Effekt der Relativistik ist, da sich die Kräfte in Beschleunigungsrichtung von denen in transversaler Richtung um einen Faktor γ unterscheiden. Neben der Untersuchung der Strukturen im Equilibrium konnte auch die Dynamik des Systems grundlegend untersucht werden: Wird die Emittanz bzw. der transversale Impuls zu groß, so sind diese Strukturen nicht stabil und lösen sich auf; man spricht dann von einem „degenerierten Elektronenfluid".

Der neuere in [29] genutzte Ansatz vermeidet die Nutzung von Taylor-Entwicklungen und rechnet mit den gesamten Liénard-Wiechert-Potentialen. Dies erlaubt die exakte Berechnung der Teilchenpositionen zu einem Zeitpunkt, da hier auch Strahlungseffekte berücksichtigt werden. Im untersuchten zweidimensionalen Fall ergeben sich hier erneut hexagonale Gitter, allerdings mit einer anderen Größe. Der Ansatz erlaubt jedoch nicht die Untersuchung der Dynamik des Systems, da aufgrund der Retardation die gesamte Vergangenheit aller Teilchen zu speichern wäre. Bislang gibt es für solche Berechnungen nur vage Ansätze [30]. Als Standard für die Simulationen in der theoretischen Plasmaphysik haben sich sogenannte Particle-in-Cell-Codes (kurz: PIC-Codes) etabliert, da diese eine effiziente Berechnung erlauben [31]. Hierbei wird das simulierte Volumen in ein Gitter unterteilt und mehrere reale Teilchen in einem Makroteilchen zusammengefasst. Dabei geht jedoch die Information über die Elektronen verloren, dass diese eigentlich punktartige Teilchen sind. Gerade für die Berechnung der Strukturen im Elektronenbündel ist es aber wichtig, die jeweiligen Wechselwirkungen zwischen den verschiedenen Elektronen zu beachten. Mit PIC müsste dann für eine solche Betrachtung eine sehr hohe Anzahl von Makroteilchen sowie eine ebenfalls hohe Anzahl Zellen erzeugt werden. Da solche Simulationen selbst auf modernen Supercomputern wesentlich länger als vertretbar benötigen würden, vermeiden die vergangenen Ansätze zur Beschreibung des Elektronenbündels so wie auch der dieser Arbeit eine Berechnung via PIC.

Im ersten Kapitel dieser Arbeit wollen wir grundlegend auf die zentralen Effekte in der Plasmaphysik und speziell im Bubble-Regime
sprechen. Danach gehen wir zu einer Rekapitulation der bisherigen
Ansätze [29,32] über. Die Herleitung der neuen Modelle gliedert sich sodann in zwei Teile; der erste Ansatz nutzt die Lorentz-Transformation,
zweiterer betrachtet das elektrische Nah- und Fernfeld. Beide orientieren sich an der relativistischen Formulierung der Elektrodynamik
aus [33]. In Abschnitt 4 wollen wir tiefer auf einige mathematische
Details unserer Modelle eingehen, insbesondere die Modellierung des
impliziten Ausdrucks für die retardierte Zeit sowie die heuristische
Herleitung der Skalierungsgesetze für den mittleren Teilchenabstand
der Kristall-Strukturen. Im darauf folgenden Kapitel behandeln wir
die Aspekte der Programmierung. Grundlage bildet das sogenannte
Gradienten-Verfahren, wobei wir der Schrittweitenfindung besondere
Aufmerksamkeit schenken, da sie für die Konvergenz des Verfahrens
ausschlaggebend ist. Schließlich analysieren wir die Simulationsergebnisse in Kapitel 6 und vergleichen sie mit unseren analytischen
Vorhersagen.

2 Einführung in die Plasmaphysik

Bevor wir im hierauf folgenden Kapitel das Modell zur Beschreibung des Elektronenbündels aufstellen, wollen wir uns zunächst mit einigen Begrifflichkeiten der Plasmaphysik vertraut machen und nachvollziehen, wie die Bubble im Rahmen der Wakefield-Beschleunigung entsteht.

2.1 Was ist Plasma?

Plasma wird auch als vierter Aggregatzustand bezeichnet. Bei einem gewöhnlichen Gas sind die negativ geladenen Elektronen an die positiv geladenen Atomkerne gebunden. Bei einem Plasma hingegen sind alle oder eine hinreichende Anzahl von Elektronen ungebunden (je nachdem, ob ein vollständig oder teilweise ionisiertes Plasma vorliegt). Weiterhin sind im Plasma die Effekte der Abschirmung von Ladungen, sowie der Schwingungen mit der Plasmafrequenz wichtig, welche wir im Folgenden näher erläutern wollen.

2.1.1 Debye-Länge

Ein wichtiger Effekt in Plasmen ist der der Abschirmung. Nehmen wir hierzu eine positive Testladung im Plasma an. Diese wird Elektronen anziehen, sodass in näherer Umgebung der Testladung die Elektronen diese vom Rest des Plasmas abschirmen werden. Dadurch beobachtet man ab einer gewissen Distanz von der Testladung ein abgeschwächtes Potential. Zur Berechnung dieser Distanz beginnen wir mit der eindimensionalen Poisson-Gleichung

$$\nabla^2 \phi = -\frac{\rho}{\epsilon_0} = \frac{e}{\epsilon_0}(n_e - n_i) \, , \tag{2.1}$$

© Springer Fachmedien Wiesbaden GmbH, ein Teil von Springer Nature 2020
L. Reichwein, *Struktur von Coulomb-Clustern im Bubble-Regime*, BestMasters,
https://doi.org/10.1007/978-3-658-28898-3_2

wobei n_e, n_i die Elektronen- bzw. Ionendichte des Plasmas sind und ϵ_0 die elektrische Feldkonstante bezeichnet. Für die Elektronendichte nehmen wir eine Boltzmannverteilung

$$n_e = n_0 \exp\left(\frac{e\phi}{k_B T}\right) \tag{2.2}$$

an, da wir uns bei unserer Betrachtung im thermischen Gleichgewicht befinden. n_0 bezeichnet die Ladungsdichte an einem Punkt weit entfernt von der Testladung, sodass das Potential ϕ dort verschwindet. Weiterhin nehmen wir an, dass die Ionen schwer genug sind, dass sie sich im betrachteten Zeitraum nicht bewegen, sodass wir $n_i = n_0$ setzen können. Das führt uns zu

$$\nabla^2 \phi = \frac{n_0}{\epsilon_0} e \left(\exp\left(\frac{e\phi}{k_B T}\right) - 1\right) . \tag{2.3}$$

Wir entwickeln den Exponentialausdruck mittels Taylor-Reihe und nehmen nur die ersten beiden Ordnungen mit:

$$\exp\left(\frac{e\phi}{k_B T}\right) \approx 1 + \frac{e\phi}{k_B T} . \tag{2.4}$$

Somit ergibt sich

$$\nabla^2 \phi = \frac{n_0 e^2 \phi}{\epsilon_0 k_B T} = \frac{\phi}{L^2} , \tag{2.5}$$

was durch Umformen die Abschirmlänge (auch Debye-Länge λ_D genannt)

$$L = \sqrt{\frac{\epsilon_0 k_B T}{n_0 e^2}} =: \lambda_D \tag{2.6}$$

ergibt. Für Distanzen $> \lambda_D$ beobachtet man gegenüber dem gewöhnlichen Coulomb-Potential einen $1/e$-fach abgeschwächten Verlauf. Die Kugel, die sich im dreidimensionalen Raum ausbildet, nennt man auch Debye-Sphäre. Sofern also hinreichend viele Teilchen vorhanden sind, kann man von einem Plasma sprechen, wenn es durch die Abschirmungseffekte makroskopisch neutral geladen ist, mikroskopisch aber weiterhin Ladungstrennung herrscht; dies bezeichnet man auch als Quasineutralität. Die soeben beschriebene Ladungs-Abschirmung für Abstände größer als die Debye-Länge ist eine der Bedingungen für die Definition eines Plasmas.

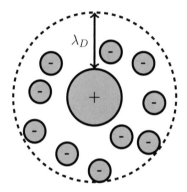

Abbildung 2.1: Um eine positive Testladung herum sammeln sich Elektronen an und schirmen diese ab. Dies führt zur Wahrnehmung eines abgeschwächten Potentials außerhalb der Debye-Sphäre mit Radius λ_D.

2.1.2 Plasmafrequenz

Wie bereits besprochen, sind die Elektronen im Plasma nicht an die Atomrümpfe gebunden. Da die Elektronen wesentlich leichter als die Ionen sind, kommt es bei der Anregung eines Plasmas zur charakteristischen Schwingung von Elektronen und Ionen mit verschiedener Frequenz [34]. Wir interessieren uns hier nur für die Plasmafrequenz der Elektronen. Um diese zu bestimmen, verlagern wir die Elektronen um eine Distanz Δx von ihrer Ausgangsposition (Abb. 2.2). Im Allgemeinen gilt für die Divergenz des elektrischen Feldes, dass

$$\text{div } \mathbf{E} = \frac{\rho}{\epsilon_0} \, , \tag{2.7}$$

im hier betrachteten diskretisierten Fall also

$$\frac{\Delta E}{\Delta x} = \frac{e n_e}{\epsilon_0} \ . \tag{2.8}$$

Die durch das elektrische Feld auf die Ladungen wirkende Kraft ist gegeben als

$$m\mathbf{a} = \mathbf{F} = -e\mathbf{E} \ . \tag{2.9}$$

Einsetzen der obigen Ausdrücke liefert dann die Bewegungsgleichung eines harmonischen Oszillators

$$m_e \frac{\mathrm{d}^2 \Delta x}{\mathrm{d}t^2} + \frac{e^2 n_e}{\epsilon_0} \Delta x = 0 \ . \tag{2.10}$$

Die Elektronen schwingen aufgrund ihrer Trägheit über ihre eigentliche Ausgangsposition immer wieder zurück, bis sich das System wieder eingependelt hat. Die charakteristische Frequenz, mit der die Elektronen diese Oszillation vollziehen, wird Elektronen-Plasmafrequenz

$$\omega_{pe} = \sqrt{\frac{n_e e^2}{\epsilon_0 m_e}} \tag{2.11}$$

genannt. Im Folgenden werden wir sie kürzer als Plasmafrequenz ω_p bezeichnen. Die Plasmafrequenz wird, wie in den folgenden Abschnitten zu sehen ist, auch noch eine tragende Rolle bei der Laser-Plasma-Wechselwirkung spielen: Sie bestimmt unter anderem, ob bzw. wie tief ein Laserpuls in das Plasma eindringen kann. Im Plasma gilt die Dispersionsrelation

$$\omega^2 = \omega_p^2 + c^2 k^2 \ , \tag{2.12}$$

wobei k die Wellenzahl bezeichnet. Der Brechungsindex n berechnet sich gemäß

$$n = \frac{ck}{\omega} = \frac{c}{\omega} \sqrt{\frac{\omega^2 - \omega_p^2}{c^2}} = \sqrt{1 - \frac{\omega_p^2}{\omega^2}} \ . \tag{2.13}$$

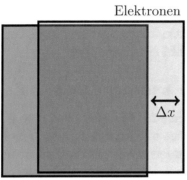

Elektronen

Δx

Protonen

Abbildung 2.2: Die Elektronen werden ausgehend von ihrer Ruheposition um die Protonen um eine Strecke von Δx ausgelenkt. Dies führt zu einem Schwingen der Elektronen um die Ruheposition mit der charakteristischen Plasmafrequenz ω_{pe}.

Über den Brechungsindex lässt sich letztlich bestimmen, bis zu welcher Plasmadichte ein Laserpuls einer bestimmten Wellenlänge propagieren kann. Die Grenze hierfür ist die sogenannte kritische Dichte n_c, die gegeben ist als

$$n_c \approx \frac{11 \times 10^{21}}{(\lambda_L\ [\mu\mathrm{m}])^2}\ \mathrm{cm}^{-3}\ . \tag{2.14}$$

Ist die Dichte des Plasmas für eine gegebene Laserwellenlänge λ_L geringer als die kritische Dichte n_c, so kann der Laserpuls durch das Plasma propagieren und man spricht von einem unterkritischen (im Englischen „underdense") Plasma, andernfalls von einem überkritischen („overdense").

2.2 Das Bubble-Regime

In diesem Abschnitt wollen wir ein grundlegendes Verständnis dafür erarbeiten, wie die Bubble im Rahmen der LWFA zustande kommt

und wie dort Elektronen eingefangen werden. Dazu beginnen wir mit
der Herleitung der ponderomotorischen Kraft und gehen dann auf die
Entstehung des Bubble-Regimes über.

2.2.1 Die ponderomotorische Kraft

Ist die Störung durch eine Welle im Plasma so groß, dass nichtlineare
Effekte berücksichtigt werden müssen, so kann es zum Impuls- bzw.
Energieübertrag von der Welle auf die Elektronen kommen. Im Falle
unseres betrachteten Systems, ist die Welle hier der Laserpuls, welcher
schließlich die Bubble erzeugt. Für das Gebiet der LWFA werden die
Plasmawellen durch die ponderomotorische Kraft des Laserpulses an-
getrieben. Diese Kraft wollen wir im Folgenden herleiten; wir bedienen
uns dabei des magnetohydrodynamischen Ansatzes aus [35,36].

Die Bewegungsgleichung eines Elektrons im **E**- und **B**-Feld des
Laserpulses lautet

$$\frac{\mathrm{d}\mathbf{p}}{\mathrm{d}t} = -e\left(\mathbf{E} + \frac{1}{c}(\mathbf{v} \times \mathbf{B})\right) . \tag{2.15}$$

Hierbei sind **p** und **v** Impuls bzw. Geschwindigkeit der Volumen-
Elemente im Fluid. Das elektrische bzw. magnetische Feld des Lasers
seien gegeben als

$$\mathbf{E} = -\frac{\partial \mathbf{A}}{\partial(ct)} , \qquad\qquad \mathbf{B} = \nabla \times \mathbf{A} . \tag{2.16}$$

A ist hierbei das Laserpotential, welches vor allem in transversaler
Richtung polarisiert ist, sodass $\mathbf{A} = A_0 \cos(kz - \omega t)\hat{\mathbf{e}}_\perp$ gilt. Im linearen
Fall

$$|\mathbf{a}| = \frac{e|\mathbf{A}|}{m_e c^2} \ll 1 \text{ mit } \mathbf{a} = \frac{e\mathbf{A}}{m_e c^2} \tag{2.17}$$

ist die führende Ordnung der Elektronenbewegung der Impuls $\mathbf{p}_q = m_e c\mathbf{a}$ (im Englischen „quiver momentum"). Zerlegen wir nun den

Impuls im störungstheoretischen Ansatz als $\mathbf{p} = \mathbf{p}_q + \delta\mathbf{p}$, so erhalten wir für die ponderomotorische Kraft

$$
\begin{aligned}
\mathbf{F}_p &= \frac{\mathrm{d}\delta\mathbf{p}}{\mathrm{d}t} \\
&= -\left[\frac{\mathbf{p}_q}{m_e} \cdot \nabla\right]\mathbf{p}_q - \mathbf{p}_q \times (c\nabla \times \mathbf{a}) \\
&= -m_e c^2 \nabla \frac{a^2}{2} \, .
\end{aligned}
\tag{2.18}
$$

Die Kraft beschleunigt die Elektronen in Richtung geringerer Feldstärken und ist der ausschlaggebende Grund, weshalb die LWFA überhaupt funktioniert.

2.2.2 Entstehung der Bubble

Zentral für die Entstehung der Bubble ist der hochintensive Laserpuls (mit Intensitäten im Bereich von $I = 10^{18}$ W/cm^2). Wird dieser Laserpuls in ein unterdichtes Plasma geschossen, so wird dieses dazu angeregt mit der Plasmafrequenz ω_p zu schwingen, wie bereits in Abschnitt 2.1.2 erklärt. Die entstehende Plasmawelle läuft dem Laserpuls hinterher. Ihre Phasengeschwindigkeit v_{ph}^{wake} ist dabei durch die Gruppengeschwindigkeit v_g des Laserpulses gegeben, d.h.

$$
v_{ph}^{\text{wake}} = v_g = c\sqrt{1 - \frac{\omega_p^2}{\omega_0^2}} \, ,
\tag{2.19}
$$

wobei ω_0 die Frequenz des Lasers bezeichnet. Das elektrische Feld der Welle zeigt in die Propagationsrichtung des Lasers und der Welle, bei uns also in positive ξ-Richtung. Die eingefangenen Elektronen können somit auf hohe Energien beschleunigt werden, sofern sie phasengleich mit dem elektrischen Feld bleiben. Der Laserpuls kann die Plasmawelle auf unterschiedliche Weisen anregen; am effektivsten ist die Anregung, wenn der Laserpuls kürzer als die Plasmawellenlänge ist und vollständig in die erste Hälfte der Plasmawelle hineinpasst.

Im relativistischen Regime, in dem die für normierte Amplitude des
Laser-Vektorpotentials

$$a_0 = \frac{eA_0}{mc^2} > 1 \qquad (2.20)$$

gilt, ändert das Wakefield seine Struktur, sodass wir nicht länger
lineare Plasmatheorie zur Beschreibung verwenden können. Das in dieser Arbeit behandelte Bubble-Regime entsteht für $a_0 > 4$. Weiterhin
wichtig für die Entstehung des Bubble-Regimes ist eine entsprechende
Dichte. Hierfür maßgeblich ist der relativistische Similarity-Parameter
(kurz: S-Parameter), der gegeben ist als

$$S = \frac{n_e}{a_0 n_c} \,, \qquad (2.21)$$

wobei n_c hier erneut die kritische Dichte des Plasmas bezeichnet [37].
Je nach Größe dieses Parameters ist das Plasma entweder *relativistisch*
unterkritisch ($S \ll 1$) oder überkritisch ($S \gg 1$). Damit sich eine
Bubble bilden kann, benötigen wir ein relativistisch unterkritisches
Plasma.

Eine simple schematische Darstellung der enstehenden Bubble ist
in Abbildung 2.3 zu sehen. Hier sehen wir auch die dünne Elektronenhülle, welche die Bubble vom angrenzenden Plasma abtrennt. Zur
Beschreibung der Felder in der Bubble gibt es vielerlei Modelle. Einerseits gibt es hier verallgemeinerte Ansätze, welche die Zeitabhängigkeit
des Bubble-Radius berücksichtigen [38, 39], oder aber auch Ansätze,
die spezielle Aspekte genauer betrachten, sei es die Beschreibung
der Elektronenhülle der Bubble [40, 41] oder auch die Dynamik [42].
Wir benutzen als Grundlage das stark vereinfachte quasistatische 3D-
Modell aus [43] für die Elektronenbeschleunigung in einem homogenen
Plasma. Dabei ist die Beschleunigung der Elektronen lediglich durch
das externe elektrische Feld

$$E_z = \frac{\partial \Psi}{\partial \xi} \qquad (2.22)$$

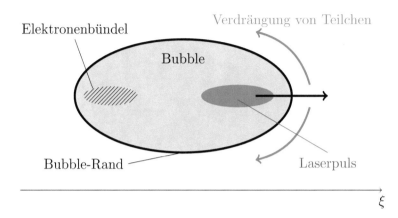

Abbildung 2.3: Schematische Darstellung der Bubble. Die Bubble folgt dem Verlauf des rot markierten Laserpulses in positive ξ-Richtung. Dabei werden Elektronen eingefangen, die sich im Elektronenbündel ansammeln.

gegeben, wobei $\xi = z - V_0 t$ mit der Bubble-Geschwindigkeit V_0 bezeichnet. Das Wakefield-Potential Ψ ergibt sich aus Skalar- und Vektorpotential via

$$\Psi = \varphi - A_z = \frac{x_i^2 + y_i^2 + \xi_i^2}{8} \tag{2.23}$$

für die verschiedenen Elektronen i in der Bubble, die eingefangen wurden. Diese Elektronen sammeln sich im sogenannten Elektronenbündel (auch „Bunch" genannt) und werden mitbeschleunigt. Welche Strukturen dort genau entstehen, ist Gegenstand dieser Arbeit. Wie die ursprünglichen Ansätze [29,32] zeigen, bilden sich im Gleichgewicht regelmäßige Strukturen aus Elektronen, ähnlich Wigner-Kristallen [25].

Nachdem wir nun grundlegend verstanden haben, wie das Bubble-Regime und das Elektronenbündel im Inneren entstehen, wollen wir im nächsten Abschnitt das theoretische Modell zur Beschreibung der Strukturen herleiten, welches unseren Simulationen zugrunde liegt.

3 Theoretische Grundlagen

Ziel dieses Kapitels ist die Herleitung eines dreidimensionalen statischen Modells zur Beschreibung unseres Elektronenbündels, mithilfe dessen wir in den weiteren Kapiteln die genaue Struktur des Coulomb-Clusters bestimmen wollen. Wir beginnen zunächst mit einigen Erläuterungen zur Normierung, die sich durch die weitere Arbeit ziehen wird. Sodann gehen wir auf eine Betrachtung der elektrischen und magnetischen Felder unseres Systems über, die uns schließlich zur Herleitung unserer Hamilton-Funktion und deren Gradienten führen wird.

3.1 Normierung

Um uns unsere Rechnungen zu vereinfachen, wollen wir zu Beginn einige Überlegungen zur Wahl unseres Koordinatensystems sowie unserer Normierung anstellen. Die Bewegung der Bubble kann als zylindersymmetrisches Problem beschrieben werden. Hierbei ist z ihre Propagationsrichtung. Da sich die Bubble mit einer Geschwindigkeit $V_0 \approx c$ nahe der Lichtgeschwindigkeit durch das Plasma bewegt, macht es Sinn, ein mitbewegtes Koordinatensystem einzuführen. Wir führen die Koordinate $\xi = z - V_0 t$ neu ein, wobei $V_0 = \sqrt{1 - \frac{1}{\gamma_0^2}}$ ist. γ_0 entspricht hierbei dem Lorentzfaktor der Bubble. Zusätzlich bleiben die restlichen Orts- und Zeit-Koordinaten unverändert, d.h.

$$ x' = x \,, \qquad y' = y \,, \qquad t' = t \,. \qquad (3.1) $$

© Springer Fachmedien Wiesbaden GmbH, ein Teil von Springer Nature 2020
L. Reichwein, *Struktur von Coulomb-Clustern im Bubble-Regime,* BestMasters,
https://doi.org/10.1007/978-3-658-28898-3_3

In den folgenden Abschnitten werden wir zusätzlich normieren, um übersichtlichere Ausdrücke zu erhalten. Als Kenngröße nutzen wir hierzu die Plasmafrequenz (in cgs-Einheiten)

$$\omega_p = \sqrt{\frac{4\pi n_e e^2}{m_e}} \ . \tag{3.2}$$

Damit erhalten wir für die verschiedenen Variablen

$$\mathbf{A}_{\text{num}} = \frac{e}{mc^2}\mathbf{A}_{\text{phy}} \ , \quad \mathbf{E}_{\text{num}} = \frac{e}{mc\omega_p}\mathbf{E}_{\text{phy}} \ , \quad \mathbf{B}_{\text{num}} = \frac{e}{mc^2\omega_p}\mathbf{B}_{\text{phy}} \ ,$$

$$\varphi_{\text{num}} = \frac{e}{mc}\varphi_{\text{phy}} \ , \qquad \mathbf{p}_{\text{num}} = \frac{1}{mc}\mathbf{p}_{\text{phy}} \ , \qquad \mathbf{v}_{\text{num}} = \frac{1}{c}\mathbf{v}_{\text{phy}} \ ,$$

$$t_{\text{num}} = \omega_p t_{\text{phy}} \ , \qquad q_{\text{num}} = \frac{1}{e}q_{\text{phy}} \ , \qquad \mathbf{r}_{\text{num}} = \frac{\omega_p}{c}\mathbf{r}_{\text{phy}} \ . \tag{3.3}$$

Damit können wir im kommenden Abschnitt zur Bestimmung der Bewegungsgleichungen für die Elektronen übergehen. Die entsprechenden Indices für numerische bzw. physikalische Variablen werden wir dabei weglassen.

3.2 Bewegungsgleichungen und Felder

Für alle hier vorgestellten Modelle ist die Betrachtung der **E**- und **B**-Felder maßgeblich. Auch haben alle gemeinsam, dass sie zwischen externen Beiträgen und denen der Wechselwirkung der Teilchen untereinander unterscheiden. Wir machen eine quasi-statische Approximation, d.h., wir nehmen an, dass sich die schwereren Atomkerne des Plasmas im betrachteten Zeitfenster nicht bewegen, sondern lediglich die Elektronen. Dies erlaubt uns, die Felder in externe und Wechselwirkungs-Beiträge zu unterteilen:

$$\mathbf{E} = \mathbf{E}_{\text{ext}} + \mathbf{E}_{\text{WW}} \ , \qquad\qquad \mathbf{B} = \mathbf{B}_{\text{ext}} + \mathbf{B}_{\text{WW}} \ . \tag{3.4}$$

Die externen Beiträge kommen hierbei von den externen Feldern, die Wechselwirkungsbeiträge durch die Coulomb-Wechselwirkung der betrachteten Elektronen. Nach dem verwendeten Modell [43], welches wir bereits in der Einleitung erwähnt haben, sind unsere externen Felder wie folgt gegeben:

$$\mathbf{E}_{\text{ext}} = \frac{1 + V_0}{4}\xi\hat{e}_z + \frac{r}{4}\hat{e}_r \, , \qquad \mathbf{B}_{\text{ext}} = \hat{e}_z \times \mathbf{E}_{\text{ext}} \, . \qquad (3.5)$$

Die exakten Bewegungsgleichungen durch die externen Felder sind

$$\frac{\mathrm{d}x}{\mathrm{d}t} = \frac{p_x}{\gamma} \, , \qquad \frac{\mathrm{d}P_x}{\mathrm{d}t} = -\left(1 + \frac{p_z}{\gamma}\right)\frac{x}{4} \, ,$$

$$\frac{\mathrm{d}y}{\mathrm{d}t} = \frac{p_y}{\gamma} \, , \qquad \frac{\mathrm{d}P_y}{\mathrm{d}t} = -\left(1 + \frac{p_z}{\gamma}\right)\frac{y}{4} \, ,$$

$$\frac{\mathrm{d}\xi}{\mathrm{d}t} = \frac{p_z}{\gamma} - V_0 \, , \qquad \frac{\mathrm{d}P_z}{\mathrm{d}t} = -(1 + V_0)\frac{\xi}{4} + \frac{p_x}{\gamma}\frac{x}{4} + \frac{p_y}{\gamma}\frac{y}{4} \, . \qquad (3.6)$$

Somit erhalten wir als Bewegungsgleichung mit den WW-Feldern

$$\frac{\mathrm{d}\mathbf{P}}{\mathrm{d}t} = q\mathbf{E}_{\text{ext}} + q\frac{\mathbf{P}}{\gamma} \times \mathbf{B}_{\text{ext}} + q\mathbf{E}_{\text{WW}} + q\frac{\mathbf{P}}{\gamma} \times \mathbf{B}_{\text{WW}} \, . \qquad (3.7)$$

Hierbei sind die Wechselwirkungs-Felder $\mathbf{E}_{\text{WW}}$ und $\mathbf{B}_{\text{WW}}$ gemäß der Elektrodynamik gegeben als

$$\mathbf{E}_{\text{WW}} = -\nabla\varphi_{\text{WW}} - \frac{\partial}{\partial t}\mathbf{A}_{\text{WW}} \, , \quad \mathbf{B}_{\text{WW}} = \nabla \times \mathbf{A}_{\text{WW}} \, . \qquad (3.8)$$

Wie das Skalarpotential φ_{WW} und das Vektorpotential $\mathbf{A}_{\text{WW}}$ genau zu beschreiben sind, ist nun von den verschiedenen Modellen abhängig. In allen Fällen, bis auf den der Lorentztransformation (Abschnitt 3.4.1), nutzen wir die sogenannten Liénard-Wiechert-Potentiale bzw. genauer gesagt eine Summe über die retardierten Potentiale aller Elektronen:

$$\varphi_{\text{WW}}(\mathbf{r}, t) = \sum_i \frac{q_i}{|\mathbf{r}(t) - \mathbf{r}_i(t_i)| - \mathbf{v}_i(t_i) \cdot [\mathbf{r}(t) - \mathbf{r}_i(t_i)]} \, , \qquad (3.9)$$

$$\mathbf{A}_{\text{WW}}(\mathbf{r}, t) = \sum_i \frac{q_i\mathbf{v}_i(t_i)}{|\mathbf{r}(t) - \mathbf{r}_i(t_i)| - \mathbf{v}_i(t_i) \cdot [\mathbf{r}(t) - \mathbf{r}_i(t_i)]} \, . \qquad (3.10)$$

Diese erlauben die relativistische Beschreibung der Wechselwirkung der Teilchen. Gegenüber der normalen Coulomb-Wechselwirkung haben wir hier einen effektiv anderen Abstand zu betrachten, da die zum Zeitpunkt t betrachteten Felder durch ein Teilchen zum bereits vergangenen Zeitpunkt t_{ret} (in den obigen Gleichungen der Einfachheit halber als t_i abgekürzt) erzeugt wurden. Unser Ansatz via Lorentz-transformation nutzt diese Potentiale nicht, daher ist hier auch von großem Interesse, inwiefern dieser vereinfachte Ansatz noch die Realität darzustellen vermag.

3.3 Rekapitulation bisheriger Ansätze

Bevor wir mit der Herleitung unseres neuen Modells beginnen, wollen wir zunächst noch einmal die wichtigsten Aspekte der vorhergegangenen Ansätze aus [32] und [29] wiederholen.

Im ersten Schritt betrachten wir einen Ansatz mittels Taylor-Entwicklung der Liénard-Wiechert-Potentiale, der es uns erlaubt, unter Vernachlässigung von Strahlungseffekten sowohl Statik als auch Dynamik des Elektronen-Bunches zu modellieren. Danach befassen wir uns mit dem zweidimensionalen Equilibrium Slice Model (ESM), welches die vollen Liénard-Wiechert-Potentiale nutzt, dadurch aber auch nur zu statischen Betrachtungen befähigt ist. Beide Ansätze haben das Ziel, bei der Beschreibung des Struktur des Elektronenbündels das Problem der retardierten Zeit t_{ret} zu umgehen. Die aus beiden Methoden resultierenden Ergebnisse werden wir später im Hinblick auf die entstehenden Strukturen vergleichen.

3.3.1 Ansatz mittels Taylor-Reihe

Der Ansatz, welcher der Publikation [32] von THOMAS et al. zugrunde liegt, bildet den Ursprung für das Equilibrium Slice Model und somit auch für die später erläuterten Methoden dieser Arbeit. Daher wollen wir die wesentlichen Schritte ihrer Vorgehensweise hier noch einmal kurz aufführen. Wer an einer ausführlicheren Beschreibung dieses

Ansatzes interessiert ist, sei auf ebendiese Publikation verwiesen. Aus Übersichtsgründen wollen wir uns an der Notation des Papers orientieren, weshalb wir zunächst in SI-Einheiten starten und erst später die oben erläuterte Normierung anwenden wollen.

Die Autoren beginnen mit der aus [44] bekannten Hamilton-Funktion der Bubble

$$H_0 = \sum_i \left(\gamma_i m_e c^2 - \frac{1}{2} q_i \Phi_i \right) \tag{3.11}$$

als Grundlage und fügen einen Term hinzu, der die Wechselwirkung der Elektronen untereinander mittels retardierter Potentiale berechnet. Hierbei bezeichnet $\Phi_i = \Phi(\mathbf{r}_i)$ das Bubble-Potential. Der spätere Gesamt-Hamiltonian H kann in zwei Anteile $H = H_0 + H_I$ aufgesplittet werden, sodass H_0 die Bubble beschreibt und H_I die Elektron-Elektron-Wechselwirkung. Allgemein ist der Hamiltonian eines Punkt-Teilchens in einem externen elektromagnetischen Feld als

$$H = \gamma m c^2 + q\varphi \tag{3.12}$$

gegeben, wobei m und q Masse und Ladung des Teilchens bezeichnen. Nach Landau und Lifshitz [23] hat der zugehörige Lagrangian die Form

$$L = -\frac{mc^2}{\gamma} - q\varphi + q\frac{\mathbf{v}}{c} \cdot \mathbf{A} \ . \tag{3.13}$$

Wir wollen die Auswirkungen der beschleunigten Elektronen auf das Teilchen sowie die Beschleunigung des Teilchens selbst via Bubble-Felder beschreiben, daher teilen wir die Potentiale in Bubble- und Wechselwirkungs-Beiträge auf:

$$\varphi = \varphi^b + \varphi_{\text{ret}} \ , \qquad\qquad \mathbf{A} = \mathbf{A}^b + \mathbf{A}_{\text{ret}} \ . \tag{3.14}$$

Die retardierten Potentiale sind die Liénard-Wiechert-Potentiale in
integraler Form

$$\varphi_{\text{ret}}(\mathbf{r}, t) = \int \frac{1}{R} \rho \left(\mathbf{r}', t - \frac{R}{c} \right) \mathrm{d}^3\mathbf{r}' \,, \tag{3.15}$$

$$\mathbf{A}_{\text{ret}}(\mathbf{r}, t) = \frac{1}{c} \int \frac{1}{R} \mathbf{j} \left(\mathbf{r}', t - \frac{R}{c} \right) \mathrm{d}^3\mathbf{r}' \,. \tag{3.16}$$

Dabei bezeichnen ρ und $\mathbf{j}$ Ladungs- bzw. Stromdichte. Der Vektor
$\mathbf{R} = \mathbf{r} - \mathbf{r}'$ bestimmt den Abstand vom Volumentelement $\mathrm{d}^3\mathbf{r}'$ zu dem
Punkt, an dem das Potential bestimmt wird.

Die obige Lagrange-Funktion lässt sich ebenfalls in einen Anteil der
Bubble (L_0) sowie einen Anteil der untereinander wechselwirkenden
Elektronen (L_I) aufteilen:

$$L_0 = -\frac{mc^2}{\gamma} - q\varphi^b + q\frac{\mathbf{v}}{c} \cdot \mathbf{A}^b \,, \tag{3.17}$$

$$L_I = -q\varphi_{\text{ret}} + q\frac{\mathbf{v}}{c} \cdot \mathbf{A}_{\text{ret}} \,. \tag{3.18}$$

Die beiden Lagrange-Funktionen korrespondieren jeweils zu den Hamiltonians H_0 bzw. H_I. Zur Vereinfachung der Rechnung sollen die
Potentiale in R/cT entwickelt werden, wobei $T = 2r_b/|\mathbf{r}_\perp|$ die Zeit be-
zeichnet, die ein Elektron für eine Betatron-Oszillation benötigt, und
r_b der Bunch-Radius ist. Die Taylor-Entwicklung in der normierten
Wechselwirkungszeit $\tau = R/cT$ lautet

$$\varphi_{\text{ret}}(\mathbf{r}, t) = \sum_{n=0}^{\infty} \int \frac{1}{R} T^n \frac{\partial^n}{\partial t^n} \rho(\mathbf{r}', t) \tau^n \, \mathrm{d}^3\mathbf{r}' \,, \tag{3.19}$$

$$\mathbf{A}_{\text{ret}}(\mathbf{r}, t) = \sum_{n=0}^{\infty} \frac{1}{c} \int \frac{1}{R} T^n \frac{\partial^n}{\partial t^n} \mathbf{j}(\mathbf{r}', t) \tau^n \, \mathrm{d}^3\mathbf{r}' \,. \tag{3.20}$$

Thomas betrachtet nur die ersten drei nicht-verschwindenden Terme (und vernachlässigt also Strahlungseffekte):

$$\varphi_{\text{ret}} \approx \int \frac{\rho}{R} \, d^3\mathbf{r}' + \frac{\partial^2}{\partial t^2} \int \frac{R\rho}{2c^2} \, d^3\mathbf{r}' + \frac{\partial^3}{\partial t^3} \int \frac{R^2\rho}{6c^3} \, d^3\mathbf{r}' \,, \qquad (3.21)$$

$$\mathbf{A}_{\text{ret}} \approx \int \frac{\mathbf{j}}{R} \, d^3\mathbf{r}' + \frac{\partial^2}{\partial t^2} \int \frac{\mathbf{j}}{c^2} \, d^3\mathbf{r}' + \frac{\partial^3}{\partial t^3} \int \frac{R\mathbf{j}}{2c^3} \, d^3\mathbf{r}' \,. \qquad (3.22)$$

Unter der Annahme von Punktteilchen werden die (angenäherten) retardierten Potentiale zu

$$\varphi_{\text{ret}}(\mathbf{r}, t) \approx \frac{q_j}{R_j(t)} \,, \qquad (3.23)$$

$$\mathbf{A}_{\text{ret}}(\mathbf{r}, t) \approx \frac{q_j}{R_j(t)} \frac{\mathbf{v}_j(t)}{c} + \frac{q_j}{2c} \frac{\partial}{\partial t} \nabla R_j + \mathbf{H}(\mathbf{r}, t) \,, \qquad (3.24)$$

$$\mathbf{H}(\mathbf{r}, t) = -q_j \frac{2}{3} \frac{\dot{\mathbf{v}}_j}{c^2} + \frac{q_j}{2c^2} \frac{\partial^2}{\partial t^2} R_j(t) \mathbf{v}_j \,. \qquad (3.25)$$

Hierbei ist $R_j = |\mathbf{r} - \mathbf{r}_j|$. Wir führen den Einheitsvektor $\mathbf{n}$ ein, der von Ladung q_j nach Ladung q zeigt. Einsetzen des Vektors $\mathbf{n}$ in die Lagrange-Funktion L_I liefert

$$L_I = \sum_j -\frac{qq_j}{\Delta_j} + \frac{qq_j}{2c^2\Delta_j} [\mathbf{v} \cdot \mathbf{v}_j + (\mathbf{v} \cdot \mathbf{n}_{ij})(\mathbf{v}_j \cdot \mathbf{n}_j)] \,. \qquad (3.26)$$

Die vollständige Lagrange-Funktion ergibt sich dann als Summe über alle Ein-Teilchen-Lagrangians zu

$$L = -\sum_i \frac{m_e c^2}{\gamma_i} - q_i \varphi_i^b + q_i \frac{\mathbf{v}_i}{c} \cdot \mathbf{A}_i^b$$

$$- \sum_{i>j} \frac{q_i q_j}{\Delta_{ij}} [\mathbf{v}_i \cdot \mathbf{v}_j + (\mathbf{v}_i \cdot \mathbf{n}_{ij})(\mathbf{v}_j \cdot \mathbf{n}_{ij})] \,. \qquad (3.27)$$

Der zugehörige Hamiltonian müsste im Allgemeinen aus der Lagrange-Funktion mittels

$$H = \sum_i \vec{\Pi}_i \cdot \mathbf{v}_i - L(\vec{\Pi}_i) \qquad (3.28)$$

berechnet werden, wobei $\vec{\Pi}_i$ den kanonischen Impuls bezeichnet. Analytisch ist dies jedoch nicht möglich, daher nutzt Thomas den Trick aus [23], dass für kleine Änderungen in L und H lediglich die Vorzeichen der jeweiligen Beiträge umzukehren sind. Normieren wir weiterhin entsprechend des zuvor erklärten (vgl. Abschnitt 3.1) Einheitensystems, so ergibt sich der Hamiltonian schließlich zu

$$
H = \sum_i \left(\gamma_i + \frac{1}{2}\Phi_i - V\Pi_{x_i} \right) + \frac{r_e}{\lambda_{pe}} \sum_{i>j} \frac{1}{\Delta_{ij}}
$$
$$
- \frac{r_e}{\lambda_{pe}} \sum_{i>j} \frac{1}{2\Delta_{ij}} \left[\frac{\mathbf{p}_i}{\gamma_i} \cdot \frac{\mathbf{p}_j}{\gamma_i} + \left(\frac{\mathbf{p}_i}{\gamma_i} \cdot \mathbf{n}_{ij} \right) \left(\frac{\mathbf{p}_j}{\gamma_j} \cdot \mathbf{n}_{ij} \right) \right] . \quad (3.29)
$$

Hierbei ist $r_e = e^2/(2\pi m_e c^2)$ der klassische Elektronenradius, λ_{pe} ist die Plasmawellenlänge und $\Phi_i = (|\mathbf{r}_i|^2 - R(t)^2)/4$ ist das Potential der Bubble.

3.3.2 Equilibrium Slice Model (ESM)

Ziel des Ansatzes des ESM ist es, die inkorrekte Annahme von $v \ll c$ zu korrigieren. Hierfür sind die vollen Liénard-Wiechert-Potentiale zu berücksichtigen, sodass auch Strahlungseffekte modelliert werden können. Allerdings erlaubt dieses Modell keine Betrachtungen der Dynamik des Systems, da hierfür die gesamte Vergangenheit aller Teilchen gespeichert werden müsste. Somit gehen wir davon aus, dass wir uns bereits im Gleichgewicht befinden, und lediglich das Energie-Minimum mittels Veränderungen der Teilchenpositionen finden müssen. Für die Rekapitulation orientieren wir uns streng an unserer Notation aus [29].

Wir betrachten die Gleichgewichtsverteilung von Elektronen, die auf einer Kreisscheibe in der 3D-Bubble verteilt sind, sodass $\xi = z - V_0 t$ für alle Elektronen gleich ist, wobei z die Propagationsrichtung der Bubble, V_0 die Geschwindigkeit der Bubble und ξ die longitudinale Position der Teilchen im mitbewegten System bezeichnet. Durch die Gleichgewichtsbedingung erhalten wir $\ddot{x}_i = \ddot{y}_i = 0$, d.h. in radialer Richtung verschwinden die Beschleunigungsterme. Die Beschleunigung in Propagationsrichtung ist in diesem Modell alleinig durch das externe elektrische Feld $E_z = \partial\Psi/\partial\xi$ gegeben, wobei

$$\Psi = \varphi - A_z = \frac{x_i^2 + y_i^2 + z_i^2}{8} \tag{3.30}$$

das Wakefield-Potential ist. Die Form der externen Potentiale ist aus [43] bekannt. Von nun an nutzen wir die in Abschnitt 3.1 beschriebene Normierung.

Wir nehmen an, dass die kinetische Energie der Elektronen viel größer als ihre Ruheenergie ist, d.h. $\gamma \gg \gamma_0$. Weiter sei die relativistische Emittanz des Ensembles beliebig klein und wir erhalten als Vereinfachung der zuvor gezeigten Bewegungsgleichungen

$$\frac{dx}{dt} = \frac{p_x}{\gamma} \approx 0 \, , \qquad \frac{dP_x}{dt} \approx -\frac{x}{4} + F_{x,\mathrm{WW}} \approx 0 \, ,$$

$$\frac{dy}{dt} = \frac{p_y}{\gamma} \approx 0 \, , \qquad \frac{dP_y}{dt} \approx -\frac{y}{4} + F_{y,\mathrm{WW}} \approx 0 \, ,$$

$$\frac{d\xi}{dt} = \frac{p_z}{\gamma} - V_0 \approx -\frac{1}{2p_z^2} + \frac{1}{2\gamma_0^2} \, , \qquad \frac{dP_z}{dt} \approx -\frac{\langle\xi\rangle}{2} \, . \tag{3.31}$$

Dabei bezeichnet $\langle\xi\rangle$ die mittlere Position in ξ-Richtung. Weiterhin führen wir den Kleinheitsparameter $\epsilon_0 = 1/(2\gamma_0^2)$ ein. Betrachten wir große Impulse $p_z \gg \gamma_0$, so lassen sich ξ und p_z bestimmen zu

$$\frac{d\xi}{dt} \approx \epsilon_0 \qquad \Rightarrow \xi \approx \xi_0 + \epsilon_0 t \, , \tag{3.32}$$

$$\frac{dP_z}{dt} \approx -\frac{\langle\xi\rangle}{2} \qquad \Rightarrow p_z \approx p_0 - \frac{1}{2}\int_{t_0}^{t}\langle\xi\rangle \, dt' \, . \tag{3.33}$$

Wir wählen als Randbedingungen $z(t_0) = \xi(t_0) = \xi_0$ und $p_z(t_0) = p_0$, sodass

$$p_z = p_0 - \frac{\xi_0}{2}(t - t_0) - \frac{\epsilon_0}{4}(t - t_0)^2 \, , \quad z = z_0 + \int_{t_0}^{t}\frac{p_z}{\gamma} \, dt' \, . \tag{3.34}$$

Nehmen wir weiter ohne Einschränkung an, dass $t_0 = 0$ ist, so erhalten wir

$$z(t) = \xi + V_0(t - t_0) \ . \tag{3.35}$$

Mit obigen Ansätzen und Vereinfachungen erhalten wir für Orte und Geschwindigkeiten der einzelnen Teilchen

$$\mathbf{r}_i(t) = \begin{pmatrix} x_{i,0} \\ y_{i,0} \\ \xi_0 + \int_0^t v_z \ dt' \end{pmatrix} \ , \qquad \mathbf{v}_i(t) = \frac{p_{iz}}{\gamma} \hat{\mathbf{e}}_z \ . \tag{3.36}$$

Die retardierte Zeit ist im Allgemeinen als $t_{\text{ret}} = t - |\mathbf{r}_i(t) - \mathbf{r}_j(t_{\text{ret}})|$ gegeben. Setzen wir nun $t = t_0 = 0$, so erhalten wir für die retardierte Zeit den vereinfachten Ausdruck

$$t_j = -|\mathbf{r}_i(t) - \mathbf{r}_j(t_j)| = -\sqrt{\Delta x_{ij}^2 + \Delta y_{ij}^2 + \left(\int_0^{t_j} v_z \ dt \right)^2} \ , \tag{3.37}$$

wobei $\Delta x_{ij} = x_{i,0} - x_{i,0}$ und $\Delta y_{ij} = y_{i,0} - y_{i,0}$ den zeitabhängigen Abstand von Teilchen i zu Teilchen j zur Zeit t_j in x- bzw. y-Richtung beschreiben. Die Liénard-Wiechert-Potentiale, die von Teilchen j erzeugt und von Teilchen i zur Zeit t gesehen werden, sind nun in vereinfachter Form

$$\varphi_{ij} = \frac{\Lambda q_j \gamma_j}{-\gamma_j t_j + p_{zj} \int_0^{t_j} v_z \ dt} \ , \qquad \mathbf{A}_{ij} = \frac{\Lambda q_j p_{zj}}{-\gamma_j t_j + p_{zj} \int_0^{t_j} v_z \ dt} \hat{\mathbf{e}}_z \ . \tag{3.38}$$

Der Vorfaktor $\Lambda = r_e/\lambda_{pe}$ resultiert dabei aus der Normierung und ist in cgs-Einheiten gegeben. Von nun an nutzen wir den Index j um anzuzeigen, dass eine Variable zur retardierten Zeit t_j gegeben ist, und den Index j, wenn die Variable zur Laborzeit $t = 0$ gegeben ist. Die zugehörige Lagrange-Funktion für das n-Teilchen-System ist dann

$$
\begin{aligned}
L &= \sum_{i=1}^{n} \left[-\frac{1}{\gamma_i} + q_i \mathbf{v}_i \cdot \mathbf{A}(\mathbf{r}_i) - q_i \varphi(\mathbf{r}_i) \right] + \sum_{i>j} [q_i \mathbf{v}_i \cdot \mathbf{A}_{ij} - q_i \varphi_{ij}] \\
&\equiv \sum_{i=1}^{n} \left[-\frac{1}{\gamma_i} + q_i \mathbf{v}_i \cdot \mathbf{A}(\mathbf{r}_i) - q_i \varphi(\mathbf{r}_i) \right] + \sum_{i>j} \left[\frac{q_i p_{iz} p_{jz}}{\gamma_i \gamma_j} \varphi_{ij} - q_i \varphi_{ij} \right] \\
&\approx \sum_{i=1}^{n} \left[-\frac{1}{\gamma_i} + q_i \mathbf{v}_i \cdot \mathbf{A}(\mathbf{r}_i) - q_i \varphi(\mathbf{r}_i) \right] - \sum_{i>j} \left(1 - \frac{p_{iz} p_{jz}}{\gamma_i \gamma_j} \right) q_i \varphi_{ij} ,
\end{aligned}
$$

$$\tag{3.39}$$

da sich alle Elektronen in die gleiche Richtung bewegen und den gleichen Impuls haben. Der erste Term repräsentiert hierbei den Lagrangian eines freien Teilchens, der zweite und dritte Term beschreiben die Wechselwirkung von i-tem Elektron und externem Potential miteinander. Die zweite Summe beschreibt die retardierte Elektron-Elektron-Wechselwirkung. Analog zum Ansatz aus [23] beschreiben wir die Wechselwirkung lediglich als Störung und können durch Umkehr der Vorzeichen vom Lagrangian auf die zugehörige Hamilton-Funktion

$$
H = \sum_{i=1}^{n} \left[\gamma_i + q_i \Psi(\mathbf{r}_i) - p_{iz} + \sum_{i>j} \left(1 - \frac{p_{iz} p_{jz}}{\gamma_i \gamma_j} \right) q_i \varphi_{ij} \right] \tag{3.40}
$$

schließen. Zur Bestimmung des energetischen Minimums des Systems benötigen wir den Gradienten des Hamiltonians, welcher die Form

$$
\begin{aligned}
\nabla_{i\perp} H = &\frac{1}{2} \begin{pmatrix} x_{i0} \\ y_{i0} \end{pmatrix} + \sum_{j \neq i} \left(1 - \frac{p_{iz} p_{jz}}{\gamma_i \gamma_j} \right) \nabla_{i\perp} \varphi_{ij} \\
&- \sum_{j \neq i} \varphi_{ij} \left(\frac{p_{iz}}{\gamma_i} \frac{\partial}{\partial p_{jz}} \frac{p_{jz}}{\gamma_j} \frac{\partial p_{jz}}{\partial t_j} \nabla_{i\perp} t_j + \frac{p_{jz}}{\gamma_j} \nabla_{i\perp} \frac{p_{iz}}{\gamma_i} \right)
\end{aligned} \tag{3.41}
$$

annimmt. Hierbei ist $\nabla_{i\perp} = \hat{e}_x \partial_{x_i} + \hat{e}_y \partial_{y_i}$. Die Ableitungen der retardierten Zeit sind auf numerischem Wege zu bestimmen.

Beide Ansätze nutzen zur Bestimmung der Strukturen das sogenannte Gradienten-Verfahren, welches wir in Kapitel 5 näher erläutern werden. Nach dieser kurzen Exkursion zur bisher geleisteten Arbeit wollen wir nun dazu übergehen, unsere neuen Modelle herzuleiten.

3.4 Ansätze via 3D-Kräfte-Gleichgewicht

In den zwei folgenden Abschnitten verfolgen wir den Ansatz eines Kräfte-Gleichgewichts. Im energetischen Minimum unseres Systems sollte nämlich die Summe aller wirkenden Kräfte, d.h. der Beiträge der externen Felder und der Wechselwirkungs-Terme, verschwinden. In einem ersten Ansatz betrachten wir die Lorentz-Transformation der elektrischen und magnetischen Felder. Ansatz 2 verfolgt eine Herangehensweise mittels der Liénard-Wiechert-Potentiale. Beide Ansätze betrachten nur die Auswirkungen des Nahfeldes auf die Struktur des Systems. Als letzten Ansatz wählen wir deshalb ein Kräfte-Gleichgewicht mit Berücksichtigung des radiativen Anteils.

3.4.1 Ansatz über Lorentz-transformierte Felder

Aufgrund ihrer relativistischen Geschwindigkeiten nehmen die Elektronen im Bündel die externen Felder sowie die von anderen Elektronen induzierten Felder verzerrt wahr. Die Elektronen leben also in verschiedenen Inertialsystemen, die sich zueinander mit einer gewissen Geschwindigkeit bewegen. Diese Verschiebungen zwischen zwei Koordinatensystemen können für konstante Geschwindigkeiten mit der sogenannten Lorentz-Transformation behandelt werden. Diese werden die Grundlage für diesen Ansatz darstellen, da aufgrund der relativistischen Verzerrung der Felder alle Elektronen, in Abhängigkeit von Position und Geschwindigkeit der anderen Elektronen zueinander, andere Felder mit effektiv anderen Abständen sehen werden. Wir wollen im Folgenden einen Ausdruck für das Lorentz-transformierte **E**- und **B**-Feld erhalten. Die folgende Herleitung entstammt Kapitel 11 der „Klassischen Elektrodynamik" von JACKSON [33]. Wer sich für genauere Details hinter den Rechnungen interessiert, sei somit auf dieses Werk verwiesen. Wir wollen lediglich eine einfache Formulierung der elektrischen und magnetischen Felder erhalten, die wir für unser Kräftegleichgewicht nutzen können. Jackson beginnt mit der Betrachtung zweier Inertialsysteme K und K', welche sich mit einer Geschwindigkeit $\mathbf{v}$ zueinander bewegen. Koordinaten, die zu einem bestimmten Koordinatensystem gehören, machen wir im Folgenden durch Striche kenntlich, d.h. x' gehört zum „gestrichenen" System K', die Variable x hingegen zum ungestrichenen K.

Als Einführung in die Lorentz-Transformation betrachtet Jackson den einfachsten Fall, wobei die Koordinatenachsen beider System parallel zueinander gestellt seinen. Es bewege sich das System K' mit von K aus gesehen in Richtung $+z$. Zudem seien zum Zeitpunkt $t = t' = 0$ beide Koordinatenursprünge am gleichen Ort. Uns interessiert nun, wie sich elektromagnetische Strahlung in den beiden Systemen ausbreitet. In System K befinde sich im Ursprung $(0, 0, 0)^T$ eine ruhende Lichtquelle, die zum Zeitpunkt $t = 0$ kurz aufleuchtet. Die Strahlung breitet sich mit Lichtgeschwindigkeit c aus und erreicht in System K einen Punkt $(x, y, z)^T$ zu einer bestimmten Zeit t gemäß der Gleichung

$$\sqrt{x^2 + y^2 + z^2} = ct \,, \qquad (3.42)$$

im gestrichenen System gilt

$$\sqrt{x'^2 + y'^2 + z'^2} = ct' \,. \qquad (3.43)$$

Mithilfe dieser beiden Gleichungen können wir nun zwischen den beiden Systemen transformieren und so eine Koordinate in K durch Größen aus K' ausdrücken (und umgekehrt). Wir stellen dazu die beiden obigen Gleichungen nach Null um und setzen sie gleich, sodass

$$c^2 t'^2 - (x'^2 + y'^2 + z'^2) = c^2 t^2 - (x + y + z) \,. \qquad (3.44)$$

Damit erhalten wir die spezielle Lorentz-Transformation zwischen K und K' als

$$ct' = \gamma(ct - \beta z) \,,$$
$$z' = \gamma(z - \beta ct) \,,$$
$$x' = x \,,$$
$$y' = y \,. \tag{3.45}$$

Hier bezeichnet $\beta = |\boldsymbol{\beta}|$ den Betrag der Relativgeschwindigkeit $\boldsymbol{\beta} = \mathbf{v}/c$ und γ ist der bereits bekannte Lorentzfaktor $\gamma = (1 - \beta^2)^{-1/2}$.

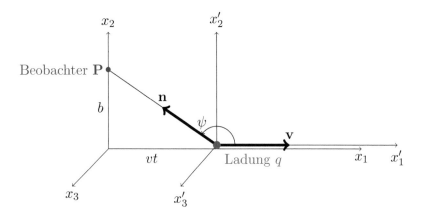

Abbildung 3.1: Die Ladung q (rot markiert) bewegt sich mit Geschwindigkeit v am Beobachter **P** (blau markiert) im Abstand b vorbei. Das gestrichene Koordinatensystem bezeichnet dabei das Ruhesystem der bewegten Ladung, das ungestrichene das System des Beobachters [33].

Allgemeiner lässt sich die Lorentz-Transformation in der Form

$$x'_0 = \gamma(x_0 - \boldsymbol{\beta} \cdot \mathbf{x}) \,, \tag{3.46}$$

$$\mathbf{x}' = \mathbf{x} + \frac{(1 - \gamma)}{\beta^2}(\boldsymbol{\beta} \cdot \mathbf{x})\boldsymbol{\beta} - \gamma\boldsymbol{\beta}x_0 \tag{3.47}$$

schreiben, wobei die nullte Komponente $x_0 = ct$ die zeitliche beschreibt.

Nun wollen wir aber nicht nur Koordinaten aus den zwei Systemen ineinander überführen, sondern vor allem die Felder $\mathbf{E}$ und $\mathbf{B}$. Wir wissen bereits aus der Elektrodynamik, dass sich die Felder wie folgt aus den Potentialen Φ und $\mathbf{A}$ berechnen:

$$\mathbf{E} = -\frac{1}{c}\frac{\partial \mathbf{A}}{\partial t} - \nabla\Phi , \qquad (3.48)$$

$$\mathbf{B} = \nabla \times \mathbf{A} . \qquad (3.49)$$

Dieser Zusammenhang lässt sich eleganter über Vierervektoren ausdrücken. Wir führen dazu das Viererpotential

$$A^\alpha = (\Phi, \mathbf{A}) \qquad (3.50)$$

ein, sodass sich Wellengleichung und Lorenz-Eichung dann in der Form

$$\Box A^\alpha = \frac{4\pi}{c} J^\alpha , \qquad\qquad \partial_\alpha A^\alpha = 0 \qquad (3.51)$$

darstellen lassen, wobei $\Box = \partial_\alpha \partial^\alpha$ der d'Alembert-Operator ist. Damit können wir $\mathbf{E}$- und $\mathbf{B}$-Feld als Elemente des Feldstärketensors

$$F^{\alpha\beta} = \partial^\alpha A^\beta - \partial^\beta A^\alpha \qquad (3.52)$$

ausdrücken, in Matrix-Schreibweise

$$F^{\alpha\beta} = \begin{pmatrix} 0 & -E_x & -E_y & -E_z \\ E_x & 0 & -B_z & B_y \\ E_y & B_z & 0 & -B_x \\ E_z & -B_y & B_x & 0 \end{pmatrix} . \qquad (3.53)$$

Gemäß der Gleichung

$$F'^{\alpha\beta} = \frac{\partial x'^\alpha}{\partial x^\gamma}\frac{\partial x'^\beta}{\partial x^\delta} F^{\gamma\delta} \qquad (3.54)$$

können wir sodann die Felder aus einem Inertialsystem in das andere überführen.

Ausgehend von obiger Gleichung können wir dann den allgemeinen Fall betrachten, in dem sich das System K' gegenüber K mit der Geschwindigkeit $\mathbf{v}$ bewegt. Wir erhalten für die Felder die Transformation

$$\mathbf{E}' = \gamma(\mathbf{E} + \boldsymbol{\beta} \times \mathbf{B}) - \frac{\gamma^2}{\gamma^2 + 1}\boldsymbol{\beta}(\boldsymbol{\beta} \cdot \mathbf{E}) \ ,$$

$$\mathbf{B}' = \gamma(\mathbf{B} + \boldsymbol{\beta} \times \mathbf{E}) - \frac{\gamma^2}{\gamma^2 + 1}\boldsymbol{\beta}(\boldsymbol{\beta} \cdot \mathbf{B}) \ . \tag{3.55}$$

Daraus sehen wir zudem, dass im System K der Zusammenhang

$$\mathbf{B} = \boldsymbol{\beta} \times \mathbf{E} \tag{3.56}$$

für das elektrische und magnetische Feld gilt.

Es bewege sich nun eine Ladung q geradlinig an einem Beobachter mit einer Geschwindigkeit $\mathbf{v}$ vorbei. Das System des Beobachters bezeichnen wir als K, das System K' hingegen bezeichnet das Ruhesystem der bewegten Ladung. Angenommen, die Ladung bewege sich in die Richtung $+x_1$ und der minimale Abstand zum Beobachter am Punkt P sei b (vgl. Abbildung 3.1). Zum Zeitpunkt $t = t' = 0$ fallen die Ursprünge der Koordinatensysteme zusammen und die Ladung hat den kleinsten Abstand zum Beobachter. Die Koordinaten des Punktes P sind im Ruhesystem K' der Ladung dann

$$x_1' = -vt' \ , \qquad x_2' = b \ , \qquad x_3' = 0 \ . \tag{3.57}$$

Der Abstand zwischen Ladung und Beobachter beträgt somit

$$r' = \sqrt{(vt')^2 + b^2} \ . \tag{3.58}$$

Nun wollen wir diesen Abstand im System K ausdrücken, wobei hier einzig und allein die Zeit zu transformieren ist. Dabei gilt

$$t' = \gamma\left(t - \frac{v}{c^2}x_1\right) \ . \tag{3.59}$$

Da im System K für den Punkt P die x_1-Komponente verschwindet, gilt weiter $t' = \gamma t$. Das elektrische und magnetische Feld im System K' im Punkt P sind gegeben als

$$\mathbf{E}' = \frac{q}{r'^3} \begin{pmatrix} -vt' \\ b \\ 0 \end{pmatrix} , \qquad \mathbf{B}' = \begin{pmatrix} 0 \\ 0 \\ 0 \end{pmatrix} .$$

Ersetzen wir die gestrichenen Variablen durch die aus System K, so schreibt sich das elektrische Feld als

$$\mathbf{E}' = \frac{q}{(b^2 + \gamma^2 v^2 t^2)^{3/2}} \begin{pmatrix} -\gamma vt \\ b \\ 0 \end{pmatrix} . \tag{3.60}$$

Nun können wir Zusammenhang (3.55) zwischen $\mathbf{E}$ und $\mathbf{E}'$ nutzen und sehen, dass

$$\mathbf{E} = \begin{pmatrix} E_1' \\ \gamma E_2' \\ 0 \end{pmatrix} = \frac{q}{(b^2 + \gamma^2 v^2 t^2)^{3/2}} \begin{pmatrix} -\gamma vt \\ \gamma b \\ 0 \end{pmatrix} . \tag{3.61}$$

Für das magnetische Feld entsteht aufgrund des Kreuzprodukts $\mathbf{B} = \boldsymbol{\beta} \times \mathbf{E}$ in der Transformation eine nicht-verschwindende dritte Komponente:

$$B_3 = \gamma \beta E_2' = \beta E_2 . \tag{3.62}$$

Wir sehen, dass $E_1/E_2 = -vt/b$ gilt. Das elektrische Feld hat also die Richtung des Vektors, der von der momentanen Position der bewegten Ladung zum Punkt P zeigt. Den entsprechenden Einheitsvektor nennen wir $\mathbf{n}$. Wir können also die obigen Gleichungen auch in Abhängigkeit des Winkels $\psi = \arccos(\mathbf{n} \cdot \hat{\mathbf{v}})$ ausdrücken (vgl. Abbildung 3.1), sodass sich das elektrische Feld zu

$$\mathbf{E} = \frac{q\mathbf{r}}{r^3 \gamma^2 (1 - \beta^2 \sin^2(\psi))^{3/2}} \tag{3.63}$$

vereinfacht. Das entsprechende magnetische Feld ist dabei erneut via
$\mathbf{B} = \boldsymbol{\beta} \times \mathbf{E}$ gegeben. Die Feldlinien des elektrischen Feldes sind außer
im Fall $\beta = 0$ nicht isotrop. So sehen wir für Winkel $\psi = 0$ und
$\psi = \pi$ eine um γ^{-2} kleinere Feldstärke, da der Sinus-Term in diesen
Fällen verschwindet. Die beiden Winkel entsprechen der positiven
bzw. negativen Bewegungsrichtung. Für $\psi = \pi/2$, also in transversaler
Richtung, ist die Feldstärke hingegen um einen Faktor γ größer. Diese
Verzerrung der Feldlinien wird somit auch Auswirkungen auf die zu
beobachtende Struktur haben, da die Propagationsrichtung ξ somit
ausgezeichnet ist.

Mit den hergeleiteten Feldern können wir schließlich nach dem
Kräfte-Gleichgewicht suchen. Dabei gilt, dass die auf ein Teilchen
wirkende Gesamtkraft nun als

$$\mathbf{F}_{\text{ges},i} = \mathbf{F}_{\text{ext},i} + \mathbf{F}_{\text{WW},i} \tag{3.64}$$

gegeben ist. Dabei bezeichnet $\mathbf{F}_{\text{ext},i}$ die Wechselwirkung des i-ten
Elektrons mit dem Bubble-Potential und $\mathbf{F}_{\text{WW},i}$ alle Wechselwirkungen des i-ten Elektrons mit den übrigen Elektronen. Dies bedeutet
also insbesondere, dass

$$\mathbf{F}_{\text{WW},i} = \sum_{j=1}^{N} \mathbf{F}_{\text{WW},ij} \ . \tag{3.65}$$

Aus der Elektrodynamik wissen wir bereits, dass die auf ein Teilchen
mit Ladung q wirkende Kraft, wenn es sich mit Geschwindigkeit $\mathbf{v}$
durch ein elektromagnetisches Feld bewegt, durch die Lorentzkraft als

$$\mathbf{F}_L = q\mathbf{E} + q\frac{\mathbf{v}}{c} \times \mathbf{B} \tag{3.66}$$

gegeben ist. Die Minimierung der wirkenden Gesamtkraft in allen
Komponenten sollte uns die tatsächlich auftretende Struktur liefern, da
ein physikalisches System immer das energetische Minimum anstrebt.
Wir erwarten dabei, dass die Propagationsrichtung ξ ausgezeichnet
ist, da sich die in dieser Richtung wirkenden Kräfte gegenüber denen
senkrecht dazu aufgrund des Lorentz-Faktors unterscheiden.

3.4.2 Ansätze über Liénard-Wiechert-Potentiale

Anstatt einen Ansatz über die Lorentz-Transformation zu wählen, können wir auch mit den Liénard-Wiechert-Potentialen arbeiten, welche uns bereits in den Abschnitten zu den bisherigen Ansätzen begegnet sind. Diese beschreiben die Effekte der Retardation bei der Wechselwirkung der Elektronen untereinander sowie bei der Wechselwirkung mit dem externen Feld. Ein wichtiger Unterschied zum Ansatz der Lorentz-Transformation von eben ist die Tatsache, dass wir nun nicht länger die Annahme $\mathbf{v} = $ const. treffen müssen, sondern auch die Beschleunigung von Ladungen berücksichtigen können. Die Beschleunigung führt zu Strahlungseffekten, welche je nach Betrag der Beschleunigung die beobachtbaren Strukturen maßgeblich beeinflussen können. Daher werden wir diesen Ansatz über die Liénard-Wiechert-Potentiale im Folgenden in zwei aufsplitten; einen Ansatz ohne Beschleunigungsterme und einen mit. Dass wir das elektrische und magnetische Feld tatsächlich in solche Nahfeld und Fernfeld genannten Anteile aufsplitten können, werden wir ausgehend vom Viererpotential einer bewegten Ladung sehen. Erneut entstammt die ausführliche Herleitung Kapitel 14 der „Klassischen Elektrodynamik" von Jackson [33]. Wir beschränken uns lediglich darauf, die essentiellen Schritte zu schildern, die uns zur gewünschten Darstellung der elektromagnetischen Felder führen. Jackson geht vom Viererpotential eines bewegten geladenen Teilchens aus. Dieses lautet in integraler Form

$$A^\alpha(x) = \frac{4\pi}{c} \int \mathrm{d}^4x' \, D_r(x - x') J^\alpha(x') \,, \qquad (3.67)$$

wobei $D_r(x - x')$ die retardierte Green-Funktion und $J^\alpha(x')$ der Viererstrom der Ladung ist, d.h.

$$D_r(x - x') = \frac{1}{2\pi}\theta(x_0 - x_0')\delta((x - x')^2) \,, \qquad (3.68)$$

$$J^\alpha(x') = ec \int \mathrm{d}\tau \, V^\alpha(\tau)\delta^{(4)}[x' - r(\tau)] \,. \qquad (3.69)$$

$V^\alpha(\tau)$ sowie $r^\alpha(\tau)$ bezeichnen dabei Geschwindigkeit bzw. den Ort der Ladung. Mit diesen Ausdrücken lässt sich das Viererpotential dann vereinfacht als

$$
\begin{aligned}
A^\alpha(x) =& \frac{4\pi}{c} \int d^4x' \left[\frac{1}{2\pi}\theta(x_0 - x_0')\delta((x-x')^2)ec \right. \\
& \left. \times \int d\tau\, V^\alpha(\tau)\delta^{(4)}[x' - r(\tau)] \right] \\
=& 2e \int d\tau\, V^\alpha(\tau)\theta[x_0 - r_0(\tau)]\delta([x - r(\tau)]^2)
\end{aligned}
\tag{3.70}
$$

schreiben. Der verbleibende Integralterm ist nur für $\tau = \tau_0$ nicht-verschwindend. Jackson bringt diesen Ausdruck durch tiefere Überlegungen zur Struktur der Delta-Funktion in die Form

$$
A^\alpha(x) = \left.\frac{eV^\alpha(\tau)}{V \cdot [x - r(\tau)]}\right|_{\tau=\tau_0}
\tag{3.71}
$$

für die durch $x_0 > r_0(\tau_0)$ gegebene Eigenzeit τ_0. Dies ist die Darstellung der Liénard-Wiechert-Potentiale in Vierer-Notation. Diese Vierernotation ließe sich nun in die uns vertrautere Form mit dreidimensionalen Vektoren bringen, indem wir

$$
x_0 - r_0(\tau_0) = |\mathbf{x} - \mathbf{r}(\tau_0)| \equiv R
\tag{3.72}
$$

schreiben. Damit erhalten wir

$$
\begin{aligned}
V \cdot (x - r) &= V_0[x_0 - r_0(\tau_0)] - \mathbf{V} \cdot [\mathbf{x} - \mathbf{r}(\tau_0)] \\
&= \gamma cR(1 - \boldsymbol{\beta} \cdot \mathbf{n}) \, .
\end{aligned}
\tag{3.73}
$$

Erneut steht hier $\boldsymbol{\beta} = \mathbf{v}(\tau)/c$ für die Relativgeschwindigkeit und $\mathbf{n}$ den Einheitsvektor in Richtung $\mathbf{x} - \mathbf{r}(\tau)$. Das Viererpotential nimmt damit dann die uns bereits aus der Rekapitulation bekannte Form des skalaren Potentials $\Phi(\mathbf{x}, t)$ und des Vektorpotentials $\mathbf{A}(\mathbf{x}, t)$

$$
\Phi(\mathbf{x}, t) = \left[\frac{e}{1 - \boldsymbol{\beta} \cdot \mathbf{n}}\right]_{\text{ret}} \, , \quad \mathbf{A}(\mathbf{x}, t) = \left[\frac{e\boldsymbol{\beta}}{(1 - \boldsymbol{\beta} \cdot \mathbf{n})}\right]_{\text{ret}}
\tag{3.74}
$$

an. Die Angabe des Kürzels „ret" an der Klammer bedeutet, dass die jeweiligen Größen zur retardierten Zeit $r(\tau_0) = x_0 - R$ gegeben sind.

Ausgehend von den Liénard-Wiechert-Potentialen wollen wir nun das elektrische und magnetische Feld berechnen. Dazu können wir das Integral (3.70) herbei nehmen. Die Felder als Elemente des Feldstärketensors $F^{\alpha\beta}$ ergeben sich durch Differentiation der Theta- und Delta-Funktion bezüglich der Koordinate x:

$$\partial^\alpha A^\beta = 2e \int d\tau \, V^\beta(\tau)\theta[x_0 - r_0(\tau)]\partial^\alpha\delta([x - r(\tau)]^2) \,. \qquad (3.75)$$

Durch weitere Umformungen, auf die wir hier nicht näher eingehen werden, bringt Jackson den Feldstärketensor auf die Form

$$F^{\alpha\beta} = \frac{e}{V \cdot (x - r)} \frac{d}{d\tau} \left[\frac{(x - r)^\alpha V^\beta - (x - r)^\beta V^\alpha}{V \cdot (x - r)} \right] \,. \qquad (3.76)$$

Mittels des eben erhaltenen Tensors können wir nun von der kovarianten Schreibweise in die explizite Darstellung von **E**- und **B**-Feldern übergehen. Dafür splitten wir die Vierervektoren für Abstand und Geschwindigkeit wieder in zeitliche und räumliche Komponenten auf, d.h.

$$(x - r)^\alpha = (R, R\mathbf{n}) \,, \qquad (3.77)$$

$$V^\alpha = (\gamma c, \gamma c\boldsymbol{\beta}) \,. \qquad (3.78)$$

Dies liefert schließlich die endgültige Form unserer elektromagnetischen Felder

$$\mathbf{E}(\mathbf{x}, t) = e \left[\frac{\mathbf{n} - \boldsymbol{\beta}}{\gamma^2(1 - \boldsymbol{\beta} \cdot \mathbf{n})^3 R^2} \right]_{\text{ret}} + \frac{e}{c} \left[\frac{\mathbf{n} \times ((\mathbf{n} - \boldsymbol{\beta}) \times \dot{\boldsymbol{\beta}})}{(1 - \boldsymbol{\beta} \cdot \mathbf{n})^3 R} \right]_{\text{ret}} \,, \qquad (3.79)$$

$$\mathbf{B} = [\mathbf{n} \times \mathbf{E}]_{\text{ret}} \,, \qquad (3.80)$$

wobei auch hier wieder darauf zu achten ist, dass die jeweiligen Größen zur retardierten Zeit gegeben sind. Die Berechnung der retardierten Zeit wird Gegenstand des nächsten Kapitels sein. Im Allgemeinen wäre

die retardierte Zeit numerisch zu bestimmen, allerdings können wir
unter gewissen Einschränkungen auch eine analytische Approximation
wählen. Das elektrische Feld ist hier in Nahfeld (erster Summand)
und Fernfeld (zweiter Summand) aufgesplittet. Das Fernfeld, auch
Strahlungsfeld genannt, ist als einziger Term von der Beschleunigung $\dot{\beta}$ abhängig. In unseren Simulationen wollen wir im Folgenden
die Strukturen mit und ohne Berücksichtigung des Strahlungsfeldes
untersuchen. Da der Beschleunigungsterm des Strahlungsfeldes als
Kreuzprodukt eingeht, ist zu erwarten, dass die ohne Fernfeld beste-
henden Strukturen je nach Größe der Beschleunigung wieder zerstört
werden.

Auch hier stellen wir, analog zum vorigen Abschnitt, wieder ein
Kräftegleichgewicht aus den externen Kräften sowie den Wechselwirkungen der Elektronen untereinander auf. Die Minimierung der
Gesamtkraft lässt auch hier eine Struktur in der räumlichen Verteilung
der Teilchen erwarten.

Wir haben in diesem Abschnitt ein grundlegendes statisches Modell
für das dreidimensionale Elektronenbündel hergeleitet. Im folgenden Kapitel wollen wir uns damit auseinandersetzen, wie mit der
retardierten Zeit zu verfahren ist, da sich hieraus die verschiedenen
retardierten Größen für Nah- und Fernfeld ergeben. Weiterhin werden
wir bereits eine analytische Abschätzung zur Skalierung der mittleren Teilchenabstände in Abhängigkeit der Parameter Impuls und
Plasmawellenlänge machen.

4 Weiterführende mathematische Überlegungen

In diesem Kapitel wollen wir einige weitere Rechnungen anstellen, insbesondere um eine analytische Approximation für die retardierte Zeit t_{ret} zu erhalten. Des Weiteren wollen wir uns die Effekte der Retardation in den verschiedenen Raumrichtungen anschauen, d.h. die Stärke der auftretenden Felder in den verschiedenen Richtungen betrachten. Danach zeigen wir, dass unsere neuen Ansätze via Kräfte-Gleichgewicht tatsächlich in die Sprache der Lagrange-Funktionen des ESM übersetzbar sind. Letztlich wollen wir hier schon einige analytische Überlegungen zu den Skalierungsgesetzen für die verschiedenen Parameter anstellen, welche wir in den Simulationen variieren werden.

4.1 Analytische Approximation der retardierten Zeit

Betrachten wir zwei Teilchen mit Positionen

$$\mathbf{r}_i(t) = \begin{pmatrix} x_{i0} \\ y_{i0} \\ \xi_{i0} + \int_0^t v_{zi}\,\mathrm{d}t' \end{pmatrix}, \quad \mathbf{r}_j(t) = \begin{pmatrix} x_{j0} \\ y_{j0} \\ \xi_{j0} + \int_0^t v_{zj}\,\mathrm{d}t' \end{pmatrix}, \quad (4.1)$$

so hat der Ausdruck der retardierten Zeit die Form

$$t_{\mathrm{ret}} = |\mathbf{r}_i - \mathbf{r}_j(t_{\mathrm{ret}})|$$

$$= \sqrt{(x_{i0} - x_{j0})^2 + (y_{i0} - y_{j0})^2 + \left(\xi_{i0} - \xi_{j0} - \int_0^{t_{\mathrm{ret}}} v_{zj}\,\mathrm{d}t\right)^2}.$$

$$(4.2)$$

© Springer Fachmedien Wiesbaden GmbH, ein Teil von Springer Nature 2020
L. Reichwein, *Struktur von Coulomb-Clustern im Bubble-Regime*, BestMasters,
https://doi.org/10.1007/978-3-658-28898-3_4

Die Berechnung retardierter Zeiten erweist sich aufgrund ihrer impliziten Form im Allgemeinen als schwierig. Eine Möglichkeit der Berechnung besteht darin, mittels eines Nullstellen-Suchverfahrens (bzw. einer Fixpunkt-Iteration) die retardierte Zeit zu berechnen. Dies führt jedoch zu einem erheblichen Rechenaufwand, wenn ein möglichst genaues Ergebnis erzielt werden soll. Der Einsatz sinnvoller Approximationen bietet hier die Möglichkeit, analytische Ausdrücke für einige Spezialfälle herzuleiten und verringert die Rechenzeit gegenüber der Nullstellen-Suche unter Umständen enorm. Wie groß der Effizienzgewinn wirklich ist, hängt unter anderem von der Konvergenz der Nullstellensuche ab.

Nach dem der Arbeit zugrunde liegenden Modell ist der Impuls von der Form

$$p_{iz} \approx p_0 - \frac{\xi_{i0}t}{2} - \frac{\varepsilon_0 t^2}{4} \, . \tag{4.3}$$

Die Geschwindigkeit eines Elektrons ist gegeben als

$$v_{zi} = \frac{p_{iz}}{\gamma_i} = \frac{p_{iz}}{\sqrt{1 + p_{iz}^2}} \, . \tag{4.4}$$

Integration über die Geschwindigkeit würde also im Allgemeinen Fall ein elliptisches Integral liefern, dessen Lösung mit standardanalytischen Mitteln nicht möglich ist. Betrachten wir jedoch die verschiedenen Terme p_{iz}, v_{iz} sowie das numerische Integral $\int_0^t v_{zi} \mathrm{d}t$ für verschiedene Zeiten t (vgl. Abb. 4.1), so sehen wir, dass nur in wenigen Bereichen eine wirklich starke Änderung auftritt. Weitgehende Bereiche der Geschwindigkeit sind nahezu konstant, sodass wir zur Annahme einer konstanten Geschwindigkeit berechtigt sind. Wie gerechtfertigt die Vereinfachung ist, hängt unter anderem von Impuls und Position der betrachteten Elektronen ab (vgl. die Abhängigkeiten in Gleichung (4.3)). Für andere Impulse sind jeweils andere Zeiten/Abstände der Teilchen zulässig. Wir gehen im Folgenden davon

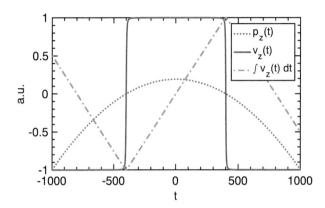

Abbildung 4.1: Dargestellt sind die normierten Verläufe der verschiedenen Funktionen $p_z(t)$, $v_z(t)$ sowie $\int v_z(t)\,\mathrm{d}t$ für $p_0 = 50$ und $\gamma_0 = 20$ in numerischen Einheiten. Lediglich an zwei Stellen, bei $t \approx \pm 400$ ändert sich v_z beträchtlich, sodass unsere Approximation für t_{ret} für alle anderen Bereiche eine gute Näherung darstellt.

aus, dass

$$\int_0^t v_{zi}(t')\,\mathrm{d}t' \approx v_{zi}t\,. \tag{4.5}$$

Wie wir in Abb. 4.1 sehen, ist dies für weitestgehend den gesamten Zeitbereich eine gute Näherung. Mit dieser Approximation gilt dann

$$t - t_{\mathrm{ret}} = |\mathbf{r}_i - \mathbf{r}_j(t_{\mathrm{ret}})|$$
$$= \sqrt{(x_{i0} - x_{j0})^2 + (y_{i0} - y_{j0})^2 + (\xi_{i0} - \xi_{j0} - v_{zj}(t - t_{\mathrm{ret}}))^2}$$
$$= \sqrt{\Delta x^2 + \Delta y^2 + (\Delta \xi - v_z(t - t_{\mathrm{ret}}))^2}\,. \tag{4.6}$$

Wir quadrieren obigen Ausdruck

$$(t - t_{\mathrm{ret}})^2 = \Delta x^2 + \Delta y^2 + (\Delta \xi - v_z(t - t_{\mathrm{ret}}))^2 \tag{4.7}$$

und lösen nach $(t - t_{\text{ret}})$ auf:

$$(t - t_{\text{ret}})^2 = \underbrace{\Delta x^2 + \Delta y^2 + \Delta \xi^2}_{=:\Delta r^2} - 2v_z \Delta \xi (t - t_{\text{ret}}) + v_z^2 (t - t_{\text{ret}})^2$$

$$\Leftrightarrow \qquad 0 = \underbrace{(1 - v_z)^2}_{=1/\gamma^2}(t - t_{\text{ret}})^2 + 2v_z \Delta \xi (t - t_{\text{ret}}) - \Delta r^2$$

$$\Leftrightarrow \qquad 0 = (t - t_{\text{ret}})^2 + 2\gamma^2 v_z \Delta \xi (t - t_{\text{ret}}) - \gamma^2 \Delta r^2 \ . \qquad (4.8)$$

Diesen Ausdruck können wir mittels der pq-Formel lösen. Wir erhalten sodann

$$t - t_{\text{ret}} = \gamma^2 v_z \Delta \xi \pm \gamma^2 \sqrt{v_z^2 \Delta \xi^2 + \frac{\Delta r^2}{\gamma^2}} \ . \qquad (4.9)$$

und für $t = 0$ ergibt sich die retardierte Zeit schließlich zu

$$t_{\text{ret}} = -\gamma^2 \left(v_z \Delta \xi \pm \sqrt{v_z^2 \Delta \xi^2 + \frac{\Delta r^2}{\gamma^2}} \right) \ . \qquad (4.10)$$

Somit haben wir unter Annahme konstanter Geschwindigkeiten einen analytischen Ausdruck erhalten. Zu beachten ist hierbei noch das Vorzeichen des Wurzelterms: Da die retardierte Zeit durch unsere Wahl von $t = 0$ immer negativ ist, ist das Vorzeichen dementsprechend zu wählen.

4.2 Vergleich von Nah- und Fernfeld

Ausgehend von den in Abschnitt 3.4.2 hergeleiteten Ausdrücken für Nah- und Fernfeld

$$\mathbf{E}(\mathbf{x}, t) = e \left[\frac{\mathbf{n} - \boldsymbol{\beta}}{\gamma^2 (1 - \boldsymbol{\beta} \cdot \mathbf{n})^3 R^2} \right]_{\text{ret}} + \frac{e}{c} \left[\frac{\mathbf{n} \times ((\mathbf{n} - \boldsymbol{\beta}) \times \dot{\boldsymbol{\beta}})}{(1 - \boldsymbol{\beta} \cdot \mathbf{n})^3 R} \right]_{\text{ret}} ,$$
$$(4.11)$$

$$\mathbf{B} = [\mathbf{n} \times \mathbf{E}]_{\text{ret}} \ , \qquad (4.12)$$

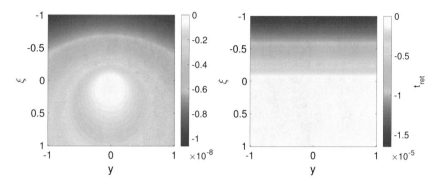

Abbildung 4.2: Die Form der retardierten Zeit in der y-ξ-Ebene für $\gamma = 1.3$ (links) und $\gamma = 50$ (rechts). Größere Impulse führen zu einer schärferen Auftrennung zwischen den beiden Halbebenen in ξ. Im Ursprung befindet sich der Empfänger, um den herum ein Sender in Form eine geladenen Teilchens geführt wird.

können wir uns **E**- und **B**-Felder einmal genauer anschauen, um uns zu überlegen, wie die Teilchen miteinander wechselwirken und wie die Strukturen zustande kommen. Für die Betrachtung der Felder eines Teilchens setzen wir ein Teilchen in den Ursprung des Koordinatensystems und messen an verschiedenen Stellen in der Umgebung Stärke und Richtung der Felder. Das Testteilchen bewegt sich dabei in ξ-Richtung mit einer Geschwindigkeit v. Wir verlangen dabei, dass das Teilchen beschleunigt wird, sodass wir auch tatsächlich ein Fernfeld beobachten können; für $\dot{\boldsymbol{\beta}} = 0$ gilt sonst nämlich $\mathbf{E}_{\text{fern}}(\mathbf{x}, t) = 0$ für alle Positionen $\mathbf{x}$ und Zeiten t. Wie zu erwarten, sehen wir für eine Ladung, die sich in ξ-Richtung bewegt auch eine Asymmetrie in ebendieser Richtung (vgl. Abb. 4.3). Das zu beobachtende Muster ist vergleichbar zu einem Luftkegel bei einem Flugzeug, das die Schallmauer durchbricht. Teilchen, die sich in ξ vor dem Teilchen befinden, sehen somit ein schwächeres bzw. sogar verschwindendes Feld im Gegensatz zu den Teilchen die sich im Kegel befinden. Weiterhin zu bemerken ist, dass direkt auf der ξ-Achse, also für $x = y = 0$ ebenfalls das Feld

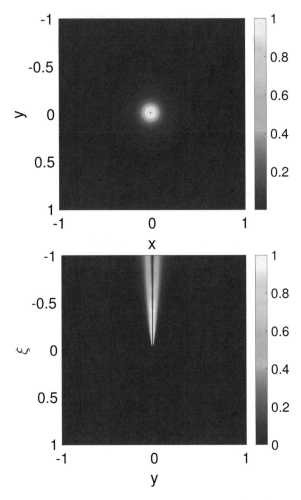

Abbildung 4.3: Stärke des elektrischen Nahfeldes (oben) sowie des Fern-
feldes (unten). Das Nahfeld ist in der x-y-Ebene radi-
alsymmetrisch, das Fernfeld zeigt in der Propagationsrichtung ξ einen Kegel auf. Die Felder wurden so abge-
schnitten, dass in den Heatmaps die jeweilige Struktur
gut zu erkennen ist, und die Stärke auf 1 normiert.

verschwindet. Dies ist dadurch zu erklären, dass zwischen den beiden Teilchen das „Signal" des elektrischen Feldes übertragen werden muss, damit sich die Teilchen gegenseitig beeinflussen. Aufgrund der relativistischen Geschwindigkeit dauert es allerdings erheblich länger, bis das Signal das andere Teilchen erreicht.

4.3 Topologische Defekte

Interessant für die spätere Untersuchung ist auch das Thema der topologischen Defekte. Ein solcher Defekt ist im Falle unserer Kristalle eine Abweichung von der gewöhnlichen Anzahl nächster Nachbarn, die durch die jeweilige dichte Kugelpackung bestimmt ist. Durch die entgegengesetzte Wirkung von fokussierenden Bubble-Feldern und repulsiver Coulomb-Wechselwirkung kommt es im Elektronenbündel zur Bildung der dichtestmöglichen Kugelpackung, welche gleichzeitig die Energie des Systems zu minimieren hat. Da beide Effekte gleichzeitig auf den Elektronen-Kristall wirken, kommt es zu Verspannungen im System, die u.a. durch das Einbauen solcher Kristalldefekte behoben werden können. Weicht die Anzahl tatsächlicher nächster Nachbarn von der erwarteten ab, so spricht man an dieser Stelle von einer topologischen Ladung

$$Q_{\text{top}} = \tilde{Q} - Q_{\text{nn}} \, , \tag{4.13}$$

wobei $\tilde{Q}$ hier den Sollwert an nächsten Nachbarn bezeichnet und Q_{nn} den tatsächlichen Wert. Diese Defekte können weiter untersucht werden und geben Aufschluss darüber, inwiefern und wie stark das System beansprucht wird. Interessant ist hier auch die Bildung sogenannter Defekt-Ketten, in denen alternierend die topologischen Ladungen $+1$ und -1 auftreten (vgl. Abb. 4.4). Eine Klassifizierung der möglichen topologischen Defekte findet man in [45, 46].

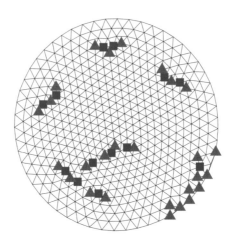

Abbildung 4.4: Kristallstruktur mit markierten topologischen Defekten. Dabei entsprechen die blauen Quadrate topologischen Ladungen von -1 und rote Dreiecke Ladungen von -1.

4.4 Äquivalenz des Lagrangian zum Kräftegleichgewicht

Um unsere Ansätze über Kräftegleichgewichte zu untermauern, wollen wir nun zeigen, dass die im ESM verwendete Lagrange-Funktion tatsächlich in ein Kräftegleichgewicht überführt werden kann. Die Lagrange-Funktion L für die Beschreibung unseres Systems setzt sich aus den Wechselwirkungen jedes Elektrons mit den externen Felder L_{EM} sowie den Wechselwirkungen mit anderen Elektronen L_{WW} zusammen, d.h.

$$L = L_{\mathrm{EM}} + L_{\mathrm{WW}} \ . \tag{4.14}$$

Dabei hat der Anteil der externen Felder wie in Abschnitt 3.3.2 die Form

$$L_{\mathrm{EM}} = \sum_i \left[-\frac{m_i c^2}{\gamma_i} + q_i \frac{\mathbf{v}_i}{c} \cdot \mathbf{A}(\mathbf{r}_i) - q_i \varphi(\mathbf{r}_i) \right] \tag{4.15}$$

und der Wechselwirkungs-Anteil wird mithilfe der Liénard-Wiechert-Potentiale beschrieben:

$$L_{\mathrm{WW}} = \sum_{i>j} \frac{q_i q_j}{|\mathbf{r}_i - \mathbf{r}_j| - \frac{\mathbf{v}_j}{c} \cdot [\mathbf{r}_i - \mathbf{r}_j]} \ . \tag{4.16}$$

Zur Erinnerung: Die Summe läuft über alle Elektronen $i = 1, ..., N$ bzw. im Falle der Wechselwirkung über alle $i > j$, sodass jeder Beitrag lediglich einmal gezählt wird. Der Impuls $\mathbf{p}_i$ des i-ten Teilchens ist der Gradient des Lagrangians bezüglich der Geschwindigkeitskomponenten des jeweiligen Teilchens und kann via

$$\mathbf{p}_i = \nabla_{\mathbf{v}_i} L = \mathbf{p}_{\mathrm{EM},i} + \mathbf{p}_{\mathrm{WW},i} \tag{4.17}$$

erneut in die beiden Anteile aufgesplittet werden. Insbesondere ist der externe Anteil des Impulses also auch die Ableitung des externen Anteils des Lagrangians bezüglich der Geschwindigkeit und hat die Form

$$\mathbf{p}_{\mathrm{EM},i} = \nabla_{\mathbf{v}_i} L_{\mathrm{EM}} = \gamma_i m_i \mathbf{v}_i + \frac{q_i}{c} \mathbf{A}(\mathbf{r}_i) \ . \tag{4.18}$$

Gleichermaßen gilt für die Wechselwirkungs-Beiträge

$$\mathbf{p}_{\mathrm{WW},i} = \nabla_{\mathbf{v}_i} L_{\mathrm{WW}} \ . \tag{4.19}$$

Darüber hinaus ist der kinetische Impuls des i-ten Teilchens gegeben als

$$\mathbf{p}_{\mathrm{kin},i} = \gamma_i m_i \mathbf{v}_i \ . \tag{4.20}$$

Nun wollen wir zum Kräfte-Gleichgewicht übergehen. Bekanntlich sind Kräfte die zeitliche Ableitung von Impulsen, sodass in unserem Falle

$$\frac{\mathrm{d}}{\mathrm{d}t} \mathbf{p}_i = \frac{\mathrm{d}}{\mathrm{d}t} \nabla_{\mathbf{v}_i} L = \nabla_{\mathbf{r}_i} L \tag{4.21}$$

gilt. Damit folgt sofort

$$\frac{\mathrm{d}}{\mathrm{d}t} \mathbf{p}_{\mathrm{EM},i} = \nabla_{\mathbf{r}_i} L_{\mathrm{EM},i} + \nabla_{\mathbf{r}_i} L_{\mathrm{WW},i} - \frac{\mathrm{d}}{\mathrm{d}t} \mathbf{p}_{\mathrm{WW},i} \ . \tag{4.22}$$

Fassen wir die Gesamtkraft $\mathbf{F}_i$ als zeitliche Ableitung des kinetischen Impulses auf, so erhalten wir

$$\mathbf{F}_i = \frac{\mathrm{d}}{\mathrm{d}t}(\gamma_i m_i \mathbf{v}_i) = \underbrace{\frac{\mathrm{d}}{\mathrm{d}t}\mathbf{p}_{\mathrm{EM},i} - \frac{q_i}{c}\frac{\mathrm{d}}{\mathrm{d}t}\mathbf{A}_{\mathbf{r}_i}}_{=q_i\mathbf{E}(\mathbf{r}_i)+q_i\frac{\mathbf{v}_i}{c}\times\mathbf{B}(\mathbf{r}_i)} + \left(\nabla_{\mathbf{r}_i} - \frac{\mathrm{d}}{\mathrm{d}t}\nabla_{\mathbf{v}_i}\right)L_{\mathrm{WW}} \,,$$

(4.23)

wobei diese Terme genau den Ausdrücken für die extern auftretenden Kräfte bzw. die Wechselwirkungskräfte entsprechen, sodass

$$\mathbf{F}_i = \mathbf{F}_{\mathrm{EM},i} + \mathbf{F}_{\mathrm{WW},i} \,.$$

(4.24)

Der Ansatz mittels Lagrange-Funktion kann somit tatsächlich in die Form eines Kräfte-Gleichgewichts übersetzt werden.

4.5 Skalierungsgesetze

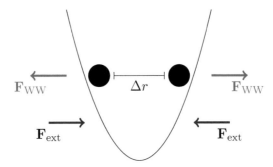

Abbildung 4.5: Schematische Veranschaulichung des Zwei-Teilchen-Modells zur Herleitung der Skalierungsgesetze. Die zwei Elektronen werden vom hier parabolischen Bubble-Potential fokussiert, stoßen sich aber gegenseitig ab.

Bevor wir unsere Simulationen durchführen, können wir uns bereits anhand der hergeleiteten Formeln überlegen, wie der mittlere Teilchen-abstand in Abhängigkeit der Parameter Impuls und Plasmawellenlänge skaliert. Dies erfolgt im zwei-dimensionalen Fall völlig analog zu unserer Betrachtung im ESM [29], sodass wir diese hier rekapitulieren und erweitern werden. Die maßgeblichen Faktoren waren bzw. sind dafür die Abstoßung der Elektronen untereinander sowie das fokussierende Bubble-Potential. Wir betrachten dazu zunächst zwei Teilchen und das zugehörige skalare Potential

$$\varphi = \Lambda \frac{q_1 q_2}{|\mathbf{r}_1(t) - \mathbf{r}_2(t_2)| - \mathbf{v}_2(t_2) \cdot [\mathbf{r}_1(t) - \mathbf{r}_2(t_2)]}$$
$$= \Lambda \frac{q_1 q_2}{d_{12}} \cdot \frac{1}{1 - \mathbf{n}_2 \cdot \mathbf{v}_2(t_2)} \, , \tag{4.25}$$

wobei wie zuvor $\Lambda = r_e / \lambda_{pe}$ gilt. Weiterhin ist

$$\mathbf{n}_2 = \frac{\mathbf{d}_{12}}{d_{12}} \, , \qquad t_2 = -d_{12} \, , \qquad d_{12} = |\mathbf{r}_1(t) - \mathbf{r}_2(t_2)| \, . \tag{4.26}$$

Dann gilt für die Kraft

$$\mathbf{F}_1 = -q_1 \nabla \varphi + q_1 \mathbf{v}_1 \times (\nabla \times \mathbf{A}) \, , \tag{4.27}$$

wobei beide Elektronen die gleiche Geschwindigkeit besitzen, d.h.

$$\mathbf{v}_1 = v_1 \hat{\mathbf{e}}_z = v_2 \hat{\mathbf{e}}_z = \mathbf{v}_2 = \text{const.} \, . \tag{4.28}$$

Die Wechselwirkungskraft wirkt auf Teilchen 1 und 2 gleichermaßen (nur in die jeweils umgekehrte Richtung), sodass

$$\mathbf{F}_\perp = \mathbf{F}_1 = -\mathbf{F}_2 = -q_1(1 - \mathbf{v}_1^2) \begin{pmatrix} \partial_x \\ \partial_y \\ 0 \end{pmatrix} \varphi_{12} \tag{4.29}$$

gilt. Die Position von Teilchen 2 zur Zeit t_2 ist gegeben als

$$\mathbf{r}_2(t_2) = \mathbf{r}_2(t) - d_{12} \mathbf{v}_1 \, . \tag{4.30}$$

Der Abstandsvektor der Teilchen steht senkrecht auf dem Geschwindigkeitsvektor $\mathbf{r}_1(t) - \mathbf{r}_2(t) \perp \mathbf{v}_1$, damit wird die retardierte Zeit zu

$$t_2 = -|\mathbf{r}_1(t) - \mathbf{r}_2(t)|\gamma = -d\gamma \, . \tag{4.31}$$

Wir betrachten Elektronen nahe der Lichtgeschwindigkeit, d.h. in unserer Normierung $v = |\mathbf{v}_1| = |\mathbf{v}_2| \approx 1$ und $q_1 = q_2 = -1$. Ohne Beschränkung der Allgemeinheit nehmen wir für unsere Betrachtung an, dass die beiden Elektronen auf der x-Achse liegen. Die Wechselwirkungskraft lautet dann

$$F_x \approx -\frac{\Lambda}{\gamma^2} \frac{\partial}{\partial x} \frac{1}{d_{12} - [z_1 - z_2(t_2)]v} \tag{4.32}$$

mit

$$d_{12} = |\mathbf{r}_1 - \mathbf{r}_2|\gamma = d\gamma \,, \qquad d = x_1 - x_2 \,. \tag{4.33}$$

Beide Teilchen haben den gleichen zeitlichen Verlauf in z-Richtung (d.h. $z_1(t) = z_2(t)$), sodass

$$z_1 - z_2(t_2) = d\gamma v \,, \qquad d_{12} - [z_1 - z_2(t_2)]v = \frac{d}{\gamma} \,. \tag{4.34}$$

Schließlich erhalten wir

$$F_x = -\frac{\Lambda}{\gamma^2} \frac{\partial}{\partial x} \frac{\gamma}{d} = \frac{\Lambda}{\gamma} \frac{1}{d^2} \,. \tag{4.35}$$

Befinden sich die betrachteten Elektronen im Gleichgewicht, so muss die obige Kraft betraglich der extern wirkenden Kraft entsprechen. Im Bubble-Regime gilt $|F_{\text{ext}}| = r/2$, und da unsere Elektronen beide Abstand r zum Ursprung haben, ist $\Delta r = d$. Somit haben wir

$$\Delta r = \sqrt[3]{\frac{4r_e}{\lambda_{pe}\gamma}} \,. \tag{4.36}$$

Gehen wir nun wieder in cgs-Einheiten über, so erhalten wir schließlich die Skalierung

$$\Delta r = \sqrt[3]{\frac{r_e}{2\pi^3}} \left(\frac{\lambda_{pe}}{\sqrt{\gamma}}\right)^{2/3} \propto p^{-1/3}\lambda_{pe}^{2/3} \,. \tag{4.37}$$

Die erhaltene Skalierung ist vom Zwei-Teilchen-Modell auch auf eine Struktur mit N Teilchen (zumindest heuristisch) übertragbar. Dabei ist zu beachten, dass obige Impulsabhängigkeit für die transversale Richtung gilt. Aufgrund der Struktur der im vorigen Kapitel hergeleiteten Felder spüren die Teilchen in Propagationsrichtung eine um einen Faktor $1/\gamma$ schwächere Wechselwirkungskraft , sodass

$$\Delta\xi \propto p^{-2/3}\lambda_{pe}^{2/3} \ . \tag{4.38}$$

Offensichtlich kann aus einem Zwei-Teilchen-Modell nicht die Skalierung des mittleren Teilchenabstands in Abhängigkeit der Teilchenzahl bestimmt werden. Diese Untersuchung ist Gegenstand der Simulationsergebnisse (Abschnitt 6.4).

4.6 Abschätzung Quanteneffekte

Je nach Abstand der Elektronen in den sich ergebenden Strukturen kann es wichtig werden, quantenmechanische Effekte zu berücksichtigen. Um dies zu überprüfen, ziehen wir die de Broglie-Wellenlänge zu Rate. Diese ist gegeben als

$$\lambda = \frac{h}{p} \ , \tag{4.39}$$

wobei $h \approx 6.6 \times 10^{-34}$ Js das Planck'sche Wirkungsquantum ist. Der Impuls des Elektrons ist im relativistischen Fall

$$p = \gamma m_e c \ . \tag{4.40}$$

Für einen Lorentzfaktor $\gamma = 100$ erhalten wir dann

$$\lambda = \frac{h}{\gamma m_e c} \approx 2.4 \times 10^{-14} \text{ cm} = 24 \text{ fm} \ . \tag{4.41}$$

Unterschreiten die auftretenden Strukturen die de Broglie-Wellenlänge, so müssen wir Quanteneffekte berücksichtigen, andernfalls können wir sie grundlegend vernachlässigen. Dabei ist auch wichtig, dass die Elektronen in ihren jeweiligen Bezugssystemen andere Abstände wahrnehmen als im Laborsystem. Weiterhin ist zu beachten, wie lang die Interaktionszeit zwischen den Elektronen ist. Ist diese hinreichend kurz, so sind quantenmechanische Effekte ebenfalls außer Acht zu lassen. Die berechnete de Broglie-Wellenlänge gilt für die Propagationsrichtung, da die beschleunigten Elektronen nur in ξ beschleunigt werden. Transversal dazu würde im Fall von transversalen Impulsen im Allgemeinen eine andere Wellenlänge auftreten; wir setzen diesen jedoch in unseren Simulationen auf null.

Ausgehend von unserem hergeleiteten Modell sowie den analytischen Abschätzungen dieses Abschnitts wollen wir im Folgenden auf die Programmierung eingehen. Dabei werden wir zunächst den zugrunde liegenden Algorithmus erklären und anschließend auf die notwendigen Feinheiten eingehen, um die Konvergenz zu gewährleisten. Weiterhin wollen wir auch die Auswertungsskripte besprechen, die wir später verwenden werden.

5 Programmierung

Nach der analytischen Beschreibung unseres Problems und einiger
weiterer mathematischer Betrachtungen in den beiden vorigen Kapiteln wenden wir uns nun der Programmierung zu. Dabei werden
wir zunächst beschreiben, wie wir die Struktur der Elektronen, welche die auftretende Gesamtkraft minimiert, numerisch finden wollen.
Da es sich dabei um ein iteratives Verfahren handelt, werden wir
danach auch noch auf die Wahl sinnvoller Schrittweiten eingehen.
Von weiterem Interesse werden in diesem Kapitel dann letztlich auch
die Auswertungs-Skripte sein, welche zur genauen Vermessung der
Strukturen dienen. Der Simulations-Code ist in der Sprache C++
geschrieben, die Auswertungsskripte und Beispiele zum Minimierungs-
verfahren in Matlab.

5.1 Steepest Descent

Die Minimalstellen unseres Hamiltonians sind im Allgemeinen nicht
auf analytischem Wege zu finden. Wir bedienen uns daher eines
numerischen Verfahrens zur Extremstellen-Suche. Der Gradient einer
Funktion zeigt in die Richtung ihres stärksten Anstiegs. Wollen wir
nun ein Minimum einer Funktion finden, müssen wir uns also entgegen
des Gradienten bewegen. Im Falle unseres Hamiltonians berechnen
wir also seinen Gradienten für eine gegebene Elektronen-Verteilung.
Das Steepest-Descent-Verfahren lässt sich schreiben als

$$x_{k+1} = x_k - \alpha \nabla f(x_k) \, . \tag{5.1}$$

Hierbei ist k die Anzahl an Iterationen, für die Verteilung x_{k+1} berechnen wir also den Gradienten zum Schritt $\nabla f(x_k)$. Der Parameter

© Springer Fachmedien Wiesbaden GmbH, ein Teil von Springer Nature 2020
L. Reichwein, *Struktur von Coulomb-Clustern im Bubble-Regime,* BestMasters,
https://doi.org/10.1007/978-3-658-28898-3_5

$\alpha \in \mathbb{R}$ bestimmt die Größe der gemachten Schritte. Ein simpler schematischer Aufbau eines solchen Algorithmus in Pseudocode findet sich in Listing 5.1.

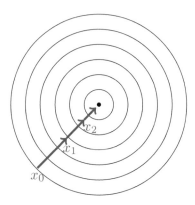

Abbildung 5.1: Veranschaulichung des Gradientenverfahrens. Die konzentrischen Linien stellen Äquipotentiallinien dar, in ihrer Mitte befindet sich das zu findende Minimum der Funktion. Ausgehend von der Position x_0 nähert sich der Algorithmus dem Verfahren iterativ.

5.2 Wahl der Schrittweite

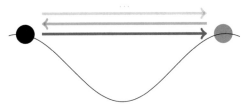

Abbildung 5.2: Darstellung des Problems der Schrittweitenwahl: Große Schrittweiten können je nach Funktion zu schneller Konvergenz führen; in Nähe der Minima kommt es jedoch zu Sprüngen über diese Minima hinweg.

```
x = rand(N,1); % initiale Pos. als Nx1-Vektor
alpha = 1; % Schrittweitenparameter
tol = 1e-15; % Toleranz fuer Abbruchkriterium
g = grad(x); % Berechne den Gradienten in x

while (norm(g) > tol) % suche Min. mit norm(g) = 0
    x = x - alpha * g; % Steepest Descent
    g = grad(x); % neuer Gradient
end
```

Listing 5.1: Pseudocode zur Veranschaulichung des grundlegenden Aufbaus des Steepest-Descent-Verfahrens. Ausgehend von einer zufälligen Verteilung soll eine Funktion mit Gradienten `grad()` minimiert werden; die Schrittweite ist im Beispiel konstant gewählt.

Um ein konvergentes Gradientenverfahren zu erhalten, ist es wichtig, dass die Schrittweite pro Iteration sinnvoll angepasst wird. In anderen Worten: Wir wollen ein iteratives Verfahren erhalten, das in möglichst wenigen Schritten konvergiert und dabei nicht über das Minimum hinweg springt. Eine große Schrittweite mag nämlich zu Beginn eines solchen Verfahrens nützlich sein, da so sehr schnell die Funktionswerte verkleinert werden können, allerdings führt dies in der Nähe eines lokalen Minimums dazu, dass die nächste Iteration über dem Minimum hinweg liegt und jede weitere Iteration nur zu einem weiteren Hin und Her führen würde, sodass das Minimum niemals erreicht wird. Für die Anpassung der Schrittweite gibt es im Gebiet der Numerik eine Vielzahl von Ansätzen, die je nach Problemstellung mehr oder weniger gut konvergieren und auch unterschiedlich rechenintensiv sind. Im Falle dieser Arbeit entscheiden wir uns für die sogenannte Barzilai-Borwein-Regel [47]. Die Schrittweite α_k zum Zeitschritt k ist danach zu wählen als

$$\alpha_k = \frac{\langle \Delta x, \Delta g \rangle}{\langle \Delta g, \Delta g \rangle} \,, \tag{5.2}$$

wobei Δx und Δg die Differenz der Positionen bzw. des Gradienten zwischen den Iterationen k und $k-1$ sind und $\langle \cdot , \cdot \rangle$ das Standardskalarprodukt im $\mathbb{R}^n$ bezeichnet.

5.2.1 Stochastisches Tunneln

Das Gradienten-Verfahren liefert in seiner allgemeinen Form nicht notwendigerweise ein lokales Minimum, da auch Sattelpunkte und Maxima die Bedingung $\nabla f(x) = 0$ erfüllen. Ob es sich um einen Sattelpunkt bzw. ein Maximum handelt, kann man leicht überprüfen. Schwieriger ist jedoch das Problem globaler Optimierung: Ein lokales Minimum, welches anhand des Gradienten-Verfahrens ermittelt wurde, entspricht im Allgemeinen nicht dem globalen Minimum des Systems. Problematisch ist bei der Herangehensweise, dass in der Umgebung eines lokalen Minimums die Schrittweite so klein wird, dass globale Minima aufgrund der dazwischen liegenden Energie-Hügel nicht erreicht werden kann (vgl. Abb. 5.3).

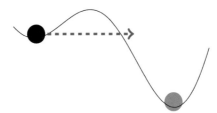

Abbildung 5.3: Veranschaulichung des Prozesses des stochastischen Tunnelns. Das Teilchen befindet sich in einem lokalen Minimum, müsste aber zum Erreichen des globalen Minimums den dazwischenliegenden Hügel überwinden. Das stochastische Tunneln erlaubt das „zufällige Testen" von Positionen in der Nähe des Teilchens.

Für derartige Probleme haben sich in der Numerik unter anderem Algorithmen wie die des simulierten Abkühlens sowie des stochastischen Tunnelns (kurz: STUN) hervorgetan [48, 49]. Die Idee ist dabei ähnlich zu dem was in manchen physikalischen Prozessen auch auftritt: im Fall des Abkühlens eines Metalles befinden sich die Atome zeitweise in energetisch ungünstigeren Konfigurationen, um so den Energie-Hügel zu überwinden und das globale Minimum zu erreichen [50]. Der STUN-Algorithmus erreicht dies, in dem zu jeder Iteration ein Zufallsvektor aufaddiert wird.

Angenommen, wir befinden uns zum Zeitschritt i bei der Position $\mathbf{x}_i$. Wir erzeugen einen Platzhalter

$$\mathbf{y} = \mathbf{x}_i + r \cdot \mathbf{q} \, . \tag{5.3}$$

Hierbei ist $\mathbf{q}$ ein Zufallsvektor, dessen Komponenten aus Werten zwischen -1 und $+1$ bestehen und r ein fest gewählter Suchradius. Nun Berechnen wir das sogenannte Akzeptanz-Verhältnis $\alpha = f(\mathbf{y})/f(\mathbf{x})$ und erzeugen ein zufälliges $u \in [0,1]$. Das Verhältnis von α zu u entscheidet nun, wie der Algorithmus mit dem Platzhalter $\mathbf{y}$ verfährt:

- Ist $u \leqslant \alpha$, so wird der Platzhalter akzeptiert, d.h. wir setzen $\mathbf{x}_{i+1} = \mathbf{y}$.

- Ist $u > \alpha$, so wird der Platzhalter zurückgewiesen und wir behalten die alte Position, $\mathbf{x}_{i+1} = \mathbf{x}_i$.

5.3 Das INI-File

Ausgangspunkt unserer Simulationen ist ein sogenanntes INI-File. Dieses enthält die Startparameter für die jeweilige Simulation und wird zu Beginn eingelesen. Im Allgemeinen sieht dieses File wie in Lst. 5.2 dargestellt aus.

- N bestimmt die Teilchenanzahl im zu simulierenden System. Wie dabei die Startpositionen der einzelnen Teilchen aussehen, ist im eigentlichen Skript gegeben. Im Großteil der Fälle werden wir die Elektronen zufällig in einem Kugelvolumen verteilen, in einigen Spezialfällen können wir auch andere Geometrien vorgeben (wie zum Beispiel zufällige Startpositionen auf einer Kreisscheibe, sodass $\xi_i = \xi$ für alle Teilchen i).

- **lambda_p** repräsentiert die Plasmawellenlänge. Mit diesem Parameter beeinflussen wir die Dichte des vorliegenden Plasmas, da $\lambda_{pe} \propto 1/\sqrt{n_e}$.

- **gamma0** beschreibt den Lorentzfaktor der Bubble. Für höhere Impulse der Teilchen sind die Auswirkungen dieses Parameters vernachlässigbar.

- **pmax** ist der Parameter für die Impulse der Teilchen. In unseren Simulationen haben zunächst alle Elektronen denselben Impuls.

- **num_proc** setzt die Anzahl der zu nutzenden CPU-Kerne bzw. Threads fest. Sind im verwendeten PC weniger Kerne als verlangt vorhanden, so wird die maximal mögliche Anzahl genutzt.

- **prec** ist die Abbruchgenauigkeit. Unterschreitet die Norm der zu minimierenden Funktion (in unserem Fall also die Gesamtkraft) diesen Wert, so ist das Ziel der Simulation erreicht und sie wird beendet.

- **Nout** gibt die Anzahl der Ausgaben an. Da nicht zu jeder Iteration die Positionen in die Ausgabedateien geschrieben werden sollen, nutzen wir diesen Parameter, um die Ausgabe-Häufigkeit sinnvoll zu setzen. Insbesondere zu Beginn vermindern die Schritte die Norm des Gradienten deutlich. Später in der Simulation werden erheblich mehr Schritte benötigt, um den Gradienten merklich zu verringern, sodass sich hier seltenere Ausgaben als praktisch erweisen.

- **loadOld** ist ein Boolean, der bestimmt, ob eine neue (zufällige) Teilchenkonfiguration erstellt werden soll, oder ob eine bereits vorhandene Konfiguration fortgesetzt werden soll.

```
N = 50; % Teilchenzahl
lambda_p = 100000.0; % [nm], Plasmawellenlaenge
gamma0 = 10.0; % Lorentzfaktor Bubble
pmax = 25; % Impuls der Teilchen
num_proc = 80; % Anzahl Prozessoren
prec = 1E-15; % angetrebte Praezision
Nout = 200; % Anzahl der Ausgaben
loadOld = 0; % alte Datei laden? 1 (y) oder 0 (n)
```

Listing 5.2: Beispiel einer typischen INI-Datei für die Verwendung in den Simulationen.

5.4 Auswertungs-Skripte

Nach Beschreibung der für den Teil der Simulation wichtigen Skripte wollen wir noch auf einige Besonderheiten der Auswertungs-Skripte eingehen. Diese sind in Matlab implementiert, da hiermit auch alle späteren Graphiken entstanden sind.

5.4.1 Filamentierung

Um die Filamente in den Coulomb-Clustern ausfindig zu machen, nutzen wir ein Skript (Lst. 5.3), welches die Abstände der Teilchen untereinander vergleicht. Als Ausgangspunkt setzen wir uns einen beliebigen Abstand Δ_{con}. Wird diese Entfernung von einem Teilchenpaar unterschritten, so gelten sie als verbunden und wir ziehen im Plot eine Verbindungslinie zwischen ihnen. Andernfalls gelten diese Teilchen als unverbunden. Wie groß der Parameter Δ_{con} genau zu wählen ist, hängt von der jeweiligen Simulation ab. Wie wir jedoch im späteren Verlauf sehen werden, macht es aufgrund der auftretenden Strukturen Sinn, lediglich den Abstand in ξ-Richtung zu vergleichen und die x- bzw. y-Komponenten außer Acht zu lassen. Für einen durchgängigen Faden entspricht die Filamentlänge natürlich der gesamten Länge der Verteilung, sodass die Betrachtung weiterer Fäden zum Vergleich entfällt.

```
M = zeros(N,N); % prealloziere Verbindungsmatrix
for i = 1:N
  for j = 1:N
    if (abs(z(i)-z(j)) <= dcon)
      M(i,j) = 1; % M_ij=1 fuer verbundene El.
      % zeichne Verbindungslinie
      plot3([x(i) x(j)],[y(i) y(j)],[z(i) z(j)]);
    end
  end
end
```

Listing 5.3: Der schematische Aufbau zur Bestimmung der Filamente
für eine vorgegebene Verbindungslänge dcon. Die
Verbindungsstrecken werden in der Matrix M vermerkt.

5.4.2 Topologische Defekte

Auch in den Querschnitten durch die x-y-Ebene (also $\xi = $ const.) er-
warten wir regelmäßige Strukturen, wie wir sie schon in den früheren
Publikationen betrachten konnten. Interessant ist hierbei das Auftreten topologischer Defekte, also Abweichungen von der normalen
Anzahl nächster Nachbarn (vgl. Abschnitt 4.3). Das hier verwendete
Skript (Lst. 5.4) macht sich die in Matlab implementierte Delaunay-
Triangulation zunutze. Diese bestimmt auf geometrischem Wege die
Anzahl nächster Nachbarn für einen gegebenen ξ-Slice. Ist die Anzahl
tatsächlicher nächster Nachbarn nun verschiedenen von der erwarteten
(in unserem Falle also von den sechs nächsten Nachbarn des hexagonalen Gitters), so vermerken wir die Differenz als topologische Ladung.
Beim Einzeichnen dieser Punkte markieren wir topologische Defekte
mit Ladungen von $+1$ und -1 mit unterschiedlichen Symbolen, um
so die alternierende Natur der Defekt-Ketten besser beobachten zu
können. Betraglich größere topologische Ladungen treten im Normal-
fall nicht auf, bzw. nur an den Rändern, wobei diese Stellen durch
das Enden der periodischen Struktur sowieso gesondert zu betrachten
sind.

```
DT = delaunayTriangulation(x,y); % Triangulation
E = edges(DT); % Ausgabe der edges der Verteilung
anz = 6; % Sollwert
topErr = 0; % Counter topologische Defekte
for i = 1:N
 if (numel(find(E(:,1) == i | E(:,2) == i) ~= anz)
  topErr = topErr + 1;
  plot(x(i),y(i),'.r');
 end
end
```

Listing 5.4: Code zum Finden der topologischen Defekte in einem
2D-Slice. Hier dargestellt ist der allgemeine Code, der
nicht zwischen den verschiedenen möglichen topologischen
Ladungen unterscheidet.

5.4.3 Elektronendichte

Neben der Abweichungen in der Anzahl nächster Nachbarn können
wir für unsere Querschnitte auch den Dichte-Verlauf betrachten. Dies
ist insofern interessant, als dass die Elektronen in den Scheiben nicht
gleichverteilt sein müssen. Um dies zu überprüfen, berechnen wir für
verschiedene, zunehmend größer werdende Kreisflächen die Anzahl
der Teilchen pro dieser Fläche und fitten den Verlauf (Lst. 5.5). Für
eine Gleichverteilung der Elektronen im Slice erwarten wir einen
parabolischen Fit, da in diesem Fall

$$N = \rho\pi r^2 \tag{5.4}$$

gilt. Dementsprechend versuchen wir die gemessenen Daten direkt
parabolisch zu fitten und können uns dann Abweichungen im Verlauf
anschauen.

```
function [c,r] = particleCounter(v,n)
  rv = sqrt(2)*max(abs(v)); % ges. Kreisflaeche
  x = v(1:2:end); % Aufsplitten in x und y
  y = v(2:2:end);
  c = zeros(n,1); % Platzhalter
  r = zeros(n,1);
  for i = 1:n % Anzahl Teilchen in jew. Flaeche
    r(i) = (i/n)*rv;
    c(i) = numel(find(x.^2 + y.^2 < r(i)^2));
  end
end
```

Listing 5.5: Skript zum Zählen der Teilchen in einem gewissen Radius der Verteilung in 2D. Hiermit kann letzlich bestimmt werden, ob die Teilchen in einem ξ-Slice gleichverteilt sind.

6 Auswertung

Mittels der hergeleiteten Modelle und den Simulationsmethoden
können wir nun die auftretenden Strukturen untersuchen. Wir wollen
im Folgenden zunächst beschreiben, welche Strukturen ganz allgemein
in unserem Modell auftreten. Dabei werden wir sowohl auf die gesamte 3D-Struktur aber auch auf die zweidimensionalen Strukturen
im Querschnitt eingehen. Im Rahmen dieser Untersuchung gehen wir
zusätzlich noch einmal auf die Beschreibung der topologischen Defekte
eingehen. Weiterhin wollen wir dann die Auswirkungen der verschiedenen Parameter Impuls, Plasmawellenlänge und Teilchenzahl auf die
Strukturen untersuchen, insbesondere wie sich der mittlere Teilchenabstand verändert. Dazu werden wir auch, in den Fällen, in denen es
uns möglich ist, die Ergebnisse mit den analytischen Überlegungen
aus Abschnitt 4.5 vergleichen.

6.1 Phänomenologische Beschreibung

Wir betrachten im Folgenden zunächst den Ansatz mit Lorentz-
transformierten Feldern. Hier sehen wir analog zum Modell aus [32]
die Bildung elektronischer Filamente in Propagationsrichtung als Konsequenz der Energie-Minimierung. Wir unterscheiden somit zwischen
Effekten in longitudinaler und transversaler Richtung.

6.1.1 Filamente

Wie bereits erwähnt, treten auch im hier verwendeten Modell Filamente auf. Diese Strukturen treten gerade deshalb auf, da durch die
Bewegung der Teilchen in ξ-Richtung diese Richtung ausgezeichnet
ist: Bewegen sich zwei relativistische Elektronen nebeneinander her

© Springer Fachmedien Wiesbaden GmbH, ein Teil von Springer Nature 2020
L. Reichwein, *Struktur von Coulomb-Clustern im Bubble-Regime,* BestMasters,
https://doi.org/10.1007/978-3-658-28898-3_6

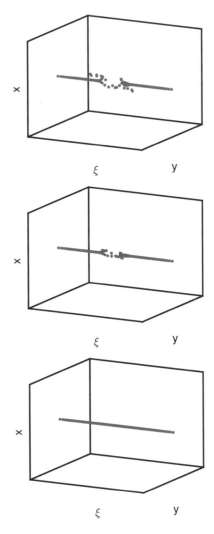

Abbildung 6.1: Struktur des Filaments zu verschiedenen Zeitpunkten
der Simulation. Die Elektronen werden mit der Zeit
in den Faden aufgedrillt. Die helixartige Struktur ist
ebenfalls zu beobachten, wenn zu viele Teilchen in einen
einzelnen Faden gepresst werden sollen.

(vgl. Abb. 6.2a), so skaliert die repulsive Coulomb-Wechselwirkung mit

$$F \propto \frac{1}{E} = \frac{1}{\gamma m_e c^2} \ . \tag{6.1}$$

Bewegen sich die Elektronen hintereinander (Abb. 6.2b), so skaliert die Kraft mit $1/E^2$ [29]. Gerade für höhere Energien wird so zunehmend die Filamentbildung begünstigt.

Auffällig ist bei den Simulationsergebnissen, dass für niedrige Teilchenzahlen zunächst nur ein Faden gebildet wird. Im Gegensatz dazu bilden sich in [32] viele bruchstückhafte Fäden. Der neue Faden hingegen ist durchgängig. Erhöhen wir die Teilchenzahl, so sehen wir eine zunehmend helikale Struktur; die Elektronen versuchen in die x-y-Ebene auszuweichen. Dies sieht so aus, als würde der Faden in der Mitte aufplatzen. Für erheblich höhere Teilchenzahlen beobachten wir die Bildung vieler Filamente, die grundsätzlich parallel zueinander verlaufen. Es ist jedoch anzumerken, dass aufgrund der Bubble-Form eine leichte Wölbung der Strukturen auftritt. Wie dieses Verhalten in Abhängigkeit der Teilchenzahl genau zu verstehen ist, wollen wir in Abschnitt 6.4 ergründen.

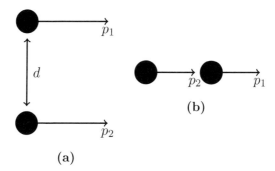

Abbildung 6.2: Schematische Darstellung zweier bewegter Elektronen nebeneinander bzw. hintereinander. Je nach Konstellation verändern sich die wahrgenommenen Felder, was mit verschiedenen Gleichgewichts-Abständen einhergeht.

6.1.2 Topologische Defekte

Für die Untersuchung der topologischen Defekte betrachten wir nun die Querschnitte in der x-y-Ebene. Dazu bedienen wir uns vor allem Simulationen, in denen wir eine zufällige 2D-Verteilung vorgeben, da in 3D eine extrem hohe Teilchenzahl von Nöten ist, um höhere Strukturen beobachten zu können. Hier zeigen sich, analog zu [29] und auch [32], hexagonale Kristallstrukturen. Diese treten erneut auf, da das Zusammenspiel zwischen Coulomb-Wechselwirkung und Bubble-Potential die Elektronen dazu zwingt, die dichtest mögliche Kugelpackung einzunehmen, im zweidimensionalen Fall das hexagonale Gitter. Insgesamt beobachten wir in unseren 2D-Simulationen eine hohe Symmetrie der Verteilung mit einigen Defektketten (Abb. 6.3), welche verschiedene Bereiche ähnlich wie magnetische Domänen voneinander abtrennen. Die Defekte an der Außenkante sind dabei zu vernachlässigen, da hier der Übergang zwischen der hexagonalen Kugelpackung und dem parabolischen Potential stattfindet. Die geringe Anzahl topologischer Defekte bedeutet weiterhin, dass im Ansatz über die Lorentz-Transformation wenige bzw. keine destruktiven Beiträge auf separierte 2D-Strukturen auftreten und die Relativistik sich hauptsächlich auf die ξ-Komponente auswirkt.

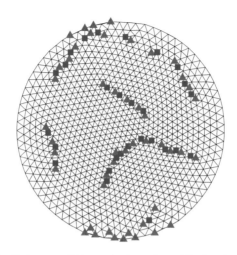

Abbildung 6.3: Delaunay-Triangulation einer 2D-Struktur mit 1000 Teilchen. Eingezeichnet sind die topologischen Defekte mit
Ladung +1 (rote Dreiecke) und −1 (blaue Quadrate).
Hier ist auch die Bildung der Defektketten mit alter-
nierender Ladung zu beobachten, die den Kristall in
domänenartige Gebilde unterteilen.

6.2 Impuls

Wir gehen nun zum Einfluss der drei wesentlichen Parameter Impuls,
Plasmawellenlänge und Teilchenzahl über und untersuchen ihren Einfluss auf die Struktur, insbesondere auf den mittleren Teilchenabstand.
Der Parameter des Impulses bildet hierbei den Anfang. Wir variieren den Impuls in einem Bereich von 50 MeV/c bis 500 MeV/c und
lassen dabei $\lambda_{pe} = 10^5$ nm und $N = 1000$ Elektronen konstant. Wir
beobachten eine Skalierung der Form

$$\Delta\xi \propto p^{-2/3} \, , \tag{6.2}$$

was sich mit den zuvor angestellten analytischen Überlegungen deckt.
Im Gegensatz zur Propagationsrichtung sehen wir unter Vorgabe einer

2D-Scheibe die Skalierung

$$\Delta r \propto p^{-1/3} \tag{6.3}$$

in transversaler Richtung. Anschaulich bedeutet dies Folgendes: Höher
energetische Teilchen müssen tiefer in das parabolische Bubble-Potential gedrängt werden, damit die Struktur beständig bleibt. Kleinere
Energien können auch weiter oben im Potentialtopf zusammengehalten
werden. Die Abstände der Elektronen liegen dabei in ξ-Richtung in
der Größenordnung von einigen zehn Picometern, in transversaler
Richtung im größeren Subnanometer-Bereich (vgl. Abb. 6.4). Wie wir
in Abschnitt 4.6 gesehen haben, können wir Quanteneffekte für die
Impulse und Abstände vorerst vernachlässigen. Allerdings wäre es
künftig noch interessant zu sehen, ob die Berücksichtigung solcher
Effekte zur Bildung anderer Strukturen führt.

6.3 Plasmawellenlänge

Nun variieren wir die Plasmawellenlänge und lassen dafür p sowie N
konstant. Sie hat direkten Einfluss auf die Plasmadichte, da

$$\frac{2\pi}{\lambda_{pe}}c = \omega_{pe} = \sqrt{\frac{n_e e^2}{\varepsilon_0 m_e}} \tag{6.4}$$

gilt. Wir erwarten also einen ansteigenden Trend für den mittleren
Teilchenabstand in Abhängigkeit der Plasmawellenlänge, da dann eine
niedrige Plasmadichte vorliegt. Die Elektronen können sich dann ein-
facher ausbreiten, sodass die entstehenden Strukturen größer werden.
Tatsächlich finden wir einen Trend der Form

$$\Delta \xi \propto \lambda_{pe}^{2/3} \, , \tag{6.5}$$

wie in Abbildung 6.5 zu sehen ist. Auch diese Skalierung konnten
wir bereits mithilfe des Zwei-Teilchen-Modells (vgl. Abschnitt 4.5)
erklären. An dieser Stelle sei auch nochmal angemerkt, dass der
Teilchenabstand bezüglich der Plasmawellenlänge im Gegensatz zum
Impuls in longitudinaler und transversaler Richtung gleichartig skaliert,
d.h. $\Delta r \propto \lambda_{pe}^{2/3}$.

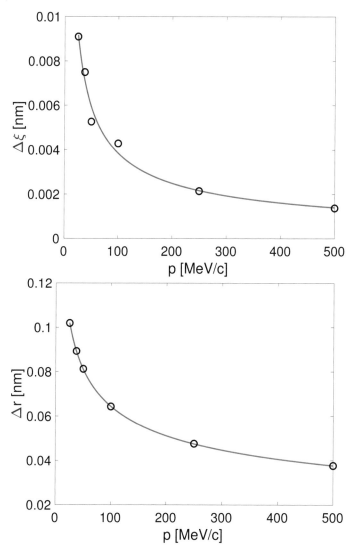

Abbildung 6.4: Abhängigkeit des mittleren Teilchenabstands für eine konstante Teilchenzahl von $N = 1000$ Teilchen und einer Plasmawellenlänge von $\lambda_{pe} = 10^5$ nm.

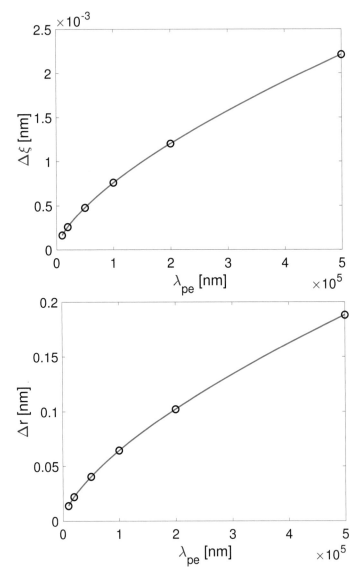

Abbildung 6.5: Longitudinaler bzw. transversaler Teilchenabstand in
Abhängigkeit der Plasmawellenlänge für $N = 1000$
Teilchen und $p = 100$ MeV/c.

6.4 Teilchenzahl

Letztlich variieren wir nun die Teilchenzahl im Bereich von $N = 100$ bis $N = 10.000$ Teilchen. Dabei belassen wir den Impuls konstant bei $p = 100$ MeV/c und die Plasmawellenlänge $\lambda_{pe} = 10^5$ nm. Die Simulationen zeigen eine Abnahme des mittleren Abstandes gemäß

$$\Delta\xi \propto N^{-0.75} , \qquad\qquad \Delta r \propto N^{-0.14} . \qquad (6.6)$$

Es ist wenig überraschend, dass eine höhere Teilchenzahl mit einem geringeren Teilchenabstand einhergeht, sowohl in ξ-Richtung als auch transversal dazu. Im Gegensatz zu den bisherigen Skalierungsgesetzen können wir im Falle der Teilchenzahl-Abhängigkeit den Exponenten nicht analytisch erklären. Offensichtlich kann ein Zwei-Teilchen-Modell hier keinen Aufschluss darüber geben, wie die Abstände sich für mehr Teilchen verändern. Wir können jedoch versuchen zu erklären, welche Effekte hier für eine derartig „unerklärliche" Skalierung sorgen.

Das grundlegende Problem ist das der Symmetriebildung. Wir veranschaulichen uns dies zunächst am zweidimensionalen Scheibenmodell (ESM) und können davon ausgehend auf analoge Effekte in drei Dimensionen schließen. Betrachten wir ein System von zwei Elektronen, so befinden sich beide Elektronen auf einer Linie (vgl. Abb. 6.7). Ihr Abstand ist durch das genaue Zusammenspiel der repulsiven Coulomb-Wechselwirkung und des fokussierenden Bubble-Potentials gegeben. Für ein System von drei Elektronen bildet sich ein Dreieck als Struktur heraus, da so der größtmögliche Abstand zwischen allen Elektronen erreicht werden kann. Dieser Prozess geht solange weiter bis schließlich eine Anzahl von sieben Elektronen erreicht ist. Für diesen Fall sehen wir, dass sich ein hexagonales Gitter herausbildet, sodass ein Elektron von einer Schale aus sechs weiteren symmetrisch umgeben ist. Aus der Gruppentheorie ist bekannt, dass das hexagonale Gitter in zwei Dimensionen die dichteste Kugelpackung darstellt [51]. Was passiert dann für ein achtes Teilchen? Das neue, zusätzliche Teilchen kann alleine keine neue Schale erzeugen; es kann aber ebenso wenig eine dichtere Kugelpackung erreichen. Die „Lösung" ist nun, dass ein zusätzliches Teilchen die Symmetrie erst einmal wieder zerstört:

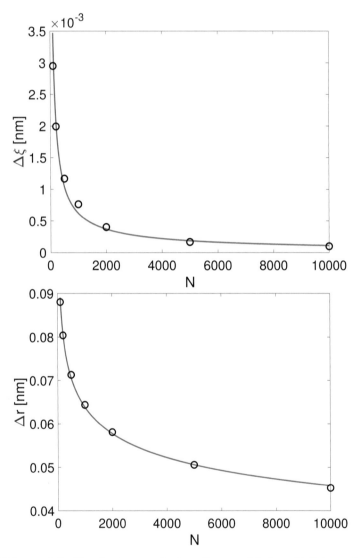

Abbildung 6.6: Simulationsergebnisse für verschiedene Teilchenzahlen
bei konstanter Wellenlänge $\lambda_{pe} = 10^5$ nm sowie konstan-
tem Impuls $p = 100$ MeV/c.

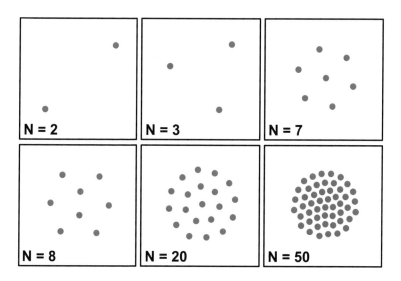

Abbildung 6.7: Bildung der verschiedenen Schalen für verschiedene Teilchenzahlen N im zweidimensionalen Kristall. Insbesondere ist hier das Aufbrechen der Strukturen für neu hinzukommende Teilchen (siehe $N = 7 \rightarrow N = 8$) zu beobachten.

Das achte Elektron wandert in die Mitte des hexagonalen Gitters, sodass eine längliche Struktur entsteht. Erst wenn wir ausreichend mehr Teilchen hinzufügen, sodass sich um die erste Schale eine weitere (und größere) Schale bilden kann, ist die hexagonale Symmetrie wiederhergestellt. Für höhere Schalen wird die Anzahl dafür notwendiger Teilchen beträchtlich hoch.

In drei Dimensionen tritt etwas Ähnliches auf: Hier werden aufgrund der ausgezeichneten Propagationsrichtung ξ zunächst alle Elektronen auf einen Faden fokussiert. Kommen neue Teilchen hinzu, so können diese noch keinen zweiten Faden erzeugen, sodass der bestehende Faden aufgedrillt wird, d.h. die Elektronen weichen zum Teil in die x-y-Ebene aus. Anschaulich kann man sich hier einen gewöhnlichen Bindfaden vorstellen, dessen Enden man gegeneinander verdreht. Nach mehreren Umdrehungen entstehen auch hier zunehmend größere Win-

dungen senkrecht zur Fadenlänge. Diese Windungen sind Vorläufer der
hexagonalen Strukturen: Die Teilchen, die nicht in den Faden passen,
versuchen statt eines neuen Fadens hexagonale Schalen zu bilden. Aber
auch für das Erzeugen dieser hexagonalen Schalen wird wiederum
eine hohe Anzahl von Teilchen benötigt. Dieser „Wettbewerb" der

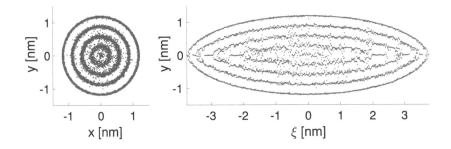

Abbildung 6.8: Simulationsergebnisse für 20.000 Teilchen. Hier sieht
man die Bildung mehrerer Schalen um das zentrale
Filament bei $x = y = 0$. Eine weitere Minimierung
würde zur besseren Separierung der Schalen zu einzelnen
Filamenten führen.

Filamentstrukturen mit den hexagonalen sorgt also unter anderem für
die außergewöhnliche Skalierung, die wir hier beobachten. Weiterhin
ist natürlich zu beachten, dass auch die verhältnismäßige Stärke von
Coulomb-Wechselwirkung und Bubble-Potential zueinander den genauen Exponenten bestimmt. Das fokussierende Bubble-Potential ist
nicht als Potentialtopf mit unendlich hohen Wänden zu verstehen, sondern als Begrenzung der Struktur, die jedoch bei eine hinreichenden
Elektronenzahl auch zunehmend größere Gesamtstrukturen zulässt.
Dieses Problem einer analytischen Beschreibung der Skalierung findet
sich auch im Teilgebiet der Ionenfallen wieder [52], wo gleichermaßen unerklärliche Exponenten gefunden wurden. Eine Erklärung folgt
hier nur auf numerischem Wege, was unser Algorithmus bereits tut.
Betrachten wir an dieser Stelle auch einmal die Flächendichte der

Elektronen in der 2D-Verteilung (siehe Abb. 6.9), so sehen wir, dass die verschiedenen Verteilungen von einer Gleichverteilung abweichen. Dies liegt im Übergang von der hexagonalen Kristallstruktur zur parabolischen Form des Bubble-Potentials begründet. Dies verdeutlicht auch das soeben angesprochene Problem der nur endlich hohen Potentialwand für die Teilchenzahl-Skalierung.

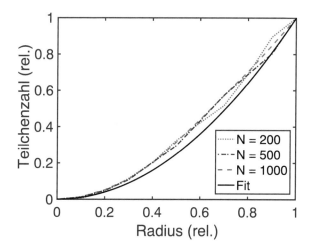

Abbildung 6.9: Die Teilchenzahl in Abhängigkeit des Radius der Verteilung für $N = 200, 500, 1000$. Die gestrichelte Linie ist der Fit für eine gleichmäßige Verteilung der Elektronen.

6.5 Vergleich der verschiedenen Ansätze

Schließlich wollen wir noch die verschiedenen Ansätze miteinander vergleichen. Zunächst ist der Vergleich zu den Ansätzen mittels Liénard-Wiechert-Potentialen von besonderem Interesse. Dabei betrachten wir lediglich die Abhängigkeit von Impuls und Plasmawellenlänge, da dieser Ansatz unter dem Gradienten-Verfahren wesentlich schlechter konvergiert als der Ansatz über Lorentz-Transformation. Weiterhin

vergleichen wir unsere Simulationsergebnisse auch mit den Ergebnissen
des ursprünglichen Papers [32] und des ESM [29].

6.5.1 Liénard-Wiechert-Ansatz

Betrachten wir die Simulationsergebnisse des Ansatzes über Liénard-
Wiechert-Potentiale, so ist das auffälligste Merkmal der Strukturen
die Asymmetrie gegenüber denen des vorigen Abschnitts: Der Faden
befindet sich nur in der negativen Hälfte der ξ-Achse, zuvor war die
Verteilung symmetrisch um den Nullpunkt in ξ verteilt. Die Erklärung
hierfür liegt in der retardierten Zeit begründet. Während wir diese im
Ansatz via Lorentztransformation umgehen konnten, müssen wir sie
nun zur Berechnung der Felder benutzen. Wie wir bei der Betrachtung
der Felder in Abschnitt 4.2 sehen konnten, weist die retardierte Zeit
ein ellipsenförmiges Feld um den Empfänger auf. Für hinreichend
große Impulse hat sich dieses Feld weiter verzerrt, sodass sich der
Raum schließlich in Propagationsrichtung in zwei Hälften bezüglich
der retardierten Zeit aufteilt. Diese Asymmetrie ist somit auch der
Grund für die Asymmetrie in der Verteilung. Auffällig ist auch die
Form der Struktur: Wir sehen einen Kegel, je nach Parametern von
der Form her vergleichbar mit einem Trichter (Abb. 6.11) oder einer
Müsli-Schale, der dem der retardierten Zeit entspricht. Diese Substruk-
tur ist allerdings auch nur unter Vergrößerung der x- und y-Achse
zu beobachten, da die Ausdehnung in diesen Richtungen wesentlich
geringer ist als in Propagationsrichtung. Makroskopisch wäre für geringe Teilchenzahlen noch immer die Bildung eines einzelnen Fadens
zu beobachten.
Die Skalierung (vgl. Abb. 6.10) bezüglich Impuls und Plasmawellenlänge

$$\Delta \xi \propto p^{-2/3} \lambda_{pe}^{2/3} \tag{6.7}$$

entspricht denen des vorigen Abschnitts. Dies ist auch aufgrund der
hergeleiteten Gleichungen sowie der Ergebnisse des ESM zu erwarten. Als problematisch erweist sich zu diesem Zeitpunkt noch die

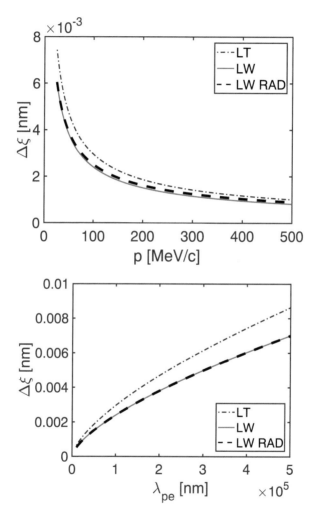

Abbildung 6.10: Vergleich der Ansätze mit Lorentztransformation (LT) mit den Liénard-Wiechert-Modellen ohne (LW) und mit (LW RAD) radiativem Feld. Die Simulationen wurden mit $N = 100$ Teilchen durchgeführt.

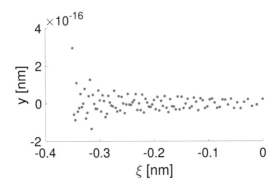

Abbildung 6.11: Bildung eines Trichters im Liénard-Wiechert-Modell
ohne radiativen Anteil. An dieser Stelle sei nochmals
angemerkt, dass die Ausdehnung in x-y-Richtung gegenüber ξ vernachlässigbar ist und lediglich Aufschluss
über die Struktur der Felder sowie den Minimierungs-
prozess gibt.

Teilchenzahl-Skalierung. Aufgrund der Strukturen der Potentiallandschaft dauert es in diesem Ansatz erheblich länger, um selbst bei
geringen N die Energie zu minimieren. Daher konnten wir im Rahmen dieser Arbeit lediglich Simulationen mit $N = 100$ durchführen,
sodass eine Untersuchung der Skalierung bezüglich dieses Parameters entfällt. Aufgrund der grundlegend ähnlichen Struktur zum
Lorentztransformations-Ansatz ließe sich jedoch vermuten, dass ein
vergleichbarer Trend zu beobachten sein wird. Hier wäre es also künftig
von besonderem Interesse, einen effizienteren Algorithmus einzuset-
zen. Kostenintensiv sind hier nicht die Rechenschritte, sondern deren Anzahl: Die Potentiallandschaft scheint so elliptisch, dass das
Gradienten-Verfahren nur sehr kleine Schritte im Zickzack-Muster von
Niveaulinie zu Niveaulinie machen kann. Verbessern ließe sich diese
Situation unter anderem mit den sogenannten cg-Verfahren oder auch
Trust-Region-Verfahren [53].

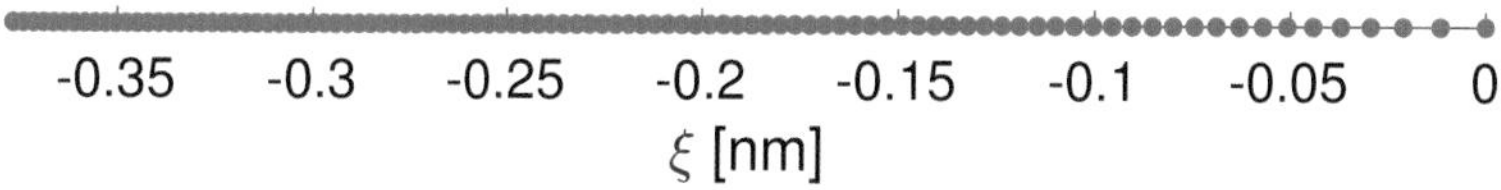

-0.35 -0.3 -0.25 -0.2 -0.15 -0.1 -0.05 0
ξ [nm]

Abbildung 6.12: Filament mit $N = 100$ Teilchen für das Liénard-
Wiechert-Modell mit radiativem Anteil. Zu beobachten
ist hier vor allem, dass sich die Teilchen nur in der
negativen Halbebene befinden und dass der Abstand
zwischen ihnen aufgrund der retardierten Zeit nach
hinten abnimmt.

Schalten wir nun den radiativen Anteil hinzu, so beobachten wir ein
ähnliches Verhalten (Abb. 6.12). Die Asymmetrie bezüglich ξ bleibt
erhalten, ebenso die Skalierungen bezüglich p und λ_{pe}. Jedoch führt
der Kreuzprodukt-Term $\mathbf{n} \times ((\mathbf{n} - \boldsymbol{\beta}) \times \dot{\boldsymbol{\beta}})$ im Fernfeld dazu, dass sich
die Müslischale bzw. der Trichter auflöst, und die Elektronen wieder
stärker auf einen Faden gebracht werden, ähnlich zu dem im Ansatz
mittels Lorentztransformation. Gleichermaßen ist auch hier von einer
Betrachtung der Teilchenzahl-Skalierung abzusehen.

Wenden wir uns den 2D-Strukturen zu, so sehen wir, dass wir für
beide Liénard-Wiechert-Ansätze unter Vorgabe eines 2D-Slice trotz-
dem ein Filament in ξ-Richtung erhalten und keine Scheibe. Dies liegt
begründet im Term $\mathbf{n} - \boldsymbol{\beta}$ des Nahfeldes, da hier aufgrund der Bewegungsrichtung ξ der Teilchen immer ein Feld in ebendieser Richtung
existiert. Dementsprechend macht es an dieser Stelle auch keinen Sinn
zwischen den Abständen in transversaler und longitudinaler Richtung
zu unterscheiden, zumindest für $N = 100$. Erheblich höhere Teilchenzahlen sollten aber immer noch, zur Bildung paralleler Fäden führen,
da nicht beliebig viele Elektronen im zentralen Faden Platz finden
können und sonst die Wechselwirkungs-Kräfte zu stark ansteigen
würden.

6.5.2 Vergleich mit Taylor-Reihen-Ansatz

Der wohl auffälligste Unterschied zum ursprünglichen Ansatz [32], der sich der Taylor-Reihe bedient, ist die Länge der Filamente. Während die Ansätze dieser Arbeit einen durchgängigen Faden zeigen (und weitere Fäden erst für erheblich höhere Teilchenzahlen), zeigen die Strukturen im alten Ansatz mehrere bruchstückhafte Fäden. Weiterhin sind die Teilchen dort symmetrisch um $\xi = 0$ verteilt, was sich noch mit dem Ansatz via Lorentz-Transformation deckt, allerdings der korrekten Betrachtung der retardierten Zeiten mittels Liénard-Wiechert-Potentialen widerspricht. Dort sehen wir eine Verschiebung der Struktur in negative ξ-Richtung. Die Tatsache, dass diese Verteilungen so unterschiedlich aussehen, macht einen direkten Vergleich an dieser Stelle unsinnig, da die Strukturbildung hier scheinbar anders erfolgt. Allerdings können wir zumindest festhalten, dass die Skalierung bezüglich das Plasmawellenlänge sich mit unseren neuen Ansätzen sowie dem ESM deckt. Für die Teilchenzahl-Skalierung wurde dort damals

$$\Delta r \propto N^{-0.15} \tag{6.8}$$

beobachtet, was keine signifikante Abweichung zu den neuen Ansätzen darstellt, insbesondere da eine analytische Erklärung für derartige Exponenten bislang fehlt. Insgesamt sind die Teilchenabstände für diesen Ansatz jedoch im Nanometer-Bereich. Die im Rahmen dieser Masterarbeit ermittelten Abstände sind wesentlich kleiner, was durch die Effekte der Retardation zu erklären ist. Vor allem vernachlässigt [32] höhere Terme in der Reihenentwicklung. Die neuen Ansätze hingegen zeigen eine starke Verzerrung der Felder, weshalb die Filamentbildung wesentlich stärker ausgeprägt ist.

6.5.3 Vergleich mit dem Equilibrium Slice Model

Da das ESM aus [29] lediglich 2D-Slices in ξ-Richtung modelliert, entfällt an dieser Stelle ein Vergleich der Filament-Strukturen. Allerdings können wir durch Vorgabe einer 2D-Verteilung an Elektronen überprüfen, ob die 2D-Strukturen auch in den neuen Ansätzen erhalten bleiben. Tatsächlich beobachten wir wieder die Bildung hexagonaler Gitter und zusätzlich ein gleiches Skalierungsverhalten für den Ansatz via Lorentz-Transformation. Dies ist auch sinnvoll, da in zwei räumlichen Dimensionen das hexagonale Gitter die dichteste Kugelpackung ist und die Kräfte senkrecht zur Beschleunigungsrichtung ξ gleich skalieren. Wie bereits zuvor gesehen, brechen die Liénard-Wiechert-Ansätze den 2D-Kristall auf und bilden für kleine Teilchenzahlen nur ein Filament in ξ-Richtung. Erst für hinreichend hohe Teilchenzahlen würde die Bildung weiterer Filamente aufgrund des Kräftgleichgewichts erzwungen werden, sodass dann wieder hexagonale Strukturen sichtbar würden. Größenmäßig liegen die Abstände unserer Ansätze allgemein unter denen, die wir im Rahmen des ESM beobachtet haben. Die im ESM erhaltene Skalierungen in transversaler Richtung

$$\Delta r \propto p^{-1/3} \lambda_{pe}^{2/3} N^{-0.14} \qquad (6.9)$$

bleiben jedoch bestehen.

Insgesamt konnten wir in diesem Abschnitt sehen, dass wir zwar wieder die Filamentbildung in Propagationsrichtung sowie die Bildung hexagonaler Kristalle in der x-y-Ebene beobachten können, allerdings zeigen die neuen Ansätze, dass zunächst ein durchgängiger Faden gebildet wird statt mehrerer kleiner Fäden. Erklärung hierfür ist die genauere Berücksichtigung der Retardations-Effekte. Diese sorgen weiterhin für kleinere Abstände im Sub-Nanometer-Bereich, weisen aber das gleiche Skalierungsverhalten auf. Im Gegensatz zur Lorentz-Transformation zeigt die Betrachtung von Nah- und Fernfeld eine Asymmetrie bezüglich der ξ-Achse, was sich in der begrenzten Ausbreitungsgeschwindigkeit der Information der Felder begründet. Zuletzt wollen wir im kommenden Abschnitt die Ergebnisse dieser Arbeit noch einmal zusammenfassen und einen Ausblick über die künftig noch zu untersuchenden Dinge geben.

7 Ausblick

Im Rahmen dieser Arbeit wurden mehrere Modelle zur Beschreibung
der Struktur des Elektronenbündels im Bubble Regime hergeleitet.
Ziel war es, die relativistischen Effekte genauer als in [32] zu modellieren. Nach einigen einführenden Erläuterungen zum Bubble Regime
und zu den relevanten Aspekten aus der Plasmaphysik haben wir
zunächst das alte Modell aus [32] ebenso wie das Equilibrium Slice
Model [29] rekapituliert. Hierbei stellt das ESM die zweidimensio-
nale Verfeinerung des ursprünglichen Modells dar, da hier anstelle
einer Taylor-Entwicklung die gesamten Liénard-Wiechert-Potentiale
berücksichtigt werden. Für den dreidimensionalen Fall haben wir drei
Ansätze miteinander verglichen. Der erste Ansatz nutzt als Grundlage
die Lorentz-Transformation der Felder zu

$$\mathbf{E} = \frac{q\mathbf{r}}{r^3\gamma^2(1 - \beta^2\sin^2(\psi))^{3/2}} \, , \qquad \mathbf{B} = \boldsymbol{\beta} \times \mathbf{E} \, . \qquad (7.1)$$

Dabei verwenden wir die Annahme, dass die Elektronen im betrachteten Zeitfenster nicht beschleunigt werden, sondern eine konstante
Geschwindigkeit aufweisen. Die Ansätze 2 und 3 basieren beide auf
den Liénard-Wiechert-Potentialen, welche die relativistische Wechselwirkung der Elektronen mit externen Feldern und untereinander
insofern vereinfachen, alsdass wir die Beträge in die von Nah- und
Fernfeld

$$\mathbf{E}(\mathbf{x}, t) = e \left[\frac{\mathbf{n} - \boldsymbol{\beta}}{\gamma^2(1 - \boldsymbol{\beta} \cdot \mathbf{n})^3 R^2} \right]_{\mathrm{ret}} + \frac{e}{c} \left[\frac{\mathbf{n} \times ((\mathbf{n} - \boldsymbol{\beta}) \times \dot{\boldsymbol{\beta}})}{(1 - \boldsymbol{\beta} \cdot \mathbf{n})^3 R} \right]_{\mathrm{ret}} \qquad (7.2)$$

aufsplitten können. Ansatz 2 nutzt nur die Effekte des Nahfeldes,
während Ansatz 3 zusätzlich das Fernfeld berücksichtigt, sodass Strahlungseffekte modelliert werden können. Im Wesentlichen bedeutet dies,

© Springer Fachmedien Wiesbaden GmbH, ein Teil von Springer Nature 2020
L. Reichwein, *Struktur von Coulomb-Clustern im Bubble-Regime*, BestMasters,
https://doi.org/10.1007/978-3-658-28898-3_7

dass der letzte Ansatz auch beschleunigte Ladungen korrekt behandelt. Um das Problem impliziter Ausdrücke aufgrund der retardierten Zeiten t_{ret} zu lösen, haben wir dabei mit einigen vereinfachenden Annahmen gearbeitet, die nur in einer sehr geringen Anzahl von Fällen inkorrekte Ergebnisse liefern (vgl. Abschnitt 4.1), die auch mittels geschickter Parameter-Wahl vermieden werden können.

Um die auftretenden Strukturen numerisch zu untersuchen, haben wir uns für das Gradienten-Verfahren entschieden, welches sich iterativ entgegen die Richtung des stärksten Anstiegs gen energetischem Minimum bewegt. Dabei haben wir gesehen, dass die Schrittweite ausschlaggebend dafür ist, wie schnell bzw. ob das Verfahren überhaupt konvergiert. Für unsere Zwecke hat sich dabei die Schrittweiten-Wahl nach Barzilai-Borwein [47] als effizient erwiesen. Darüber hinaus konnten wir mittels des stochastischen Metropolis-Algorithmus zeigen, dass wir tatsächlich das für unser System energetisch günstigste Minimum finden konnten und nicht nur ein beliebiges lokales Minimum.

Die Simulationen zeigen analog zu [32] die Bildung elektronischer Filamente in der Propagationsrichtung ξ. Dies konnten wir durch die zur x-y-Ebene verschiedenen Kräfte erklären. Ein fundamentaler Unterschied ist jedoch, wie sehr diese Filamente angestrebt werden. Während der alte Ansatz mehrere bruchstückhafte Fäden liefert, beobachten wir im hiesigen Ansatz vor allem ein durchgängiges Filament. Die zugehörigen Skalierungsgesetze

$$\Delta\xi \propto p^{-2/3}\lambda_{pe}^{2/3}N^{-0.75}\;,\tag{7.3}$$

$$\Delta r \propto p^{-1/3}\lambda_{pe}^{2/3}N^{-0.14}\;,\tag{7.4}$$

konnten wir in den Fällen des Impulses und der Plasmawellenlänge mittels eines Zwei-Teilchen-Modells heuristisch erklären, lediglich die Abhängigkeit des Teilchenabstandes von der Teilchenzahl war nur numerisch zu erkennen. Allerdings waren wir in der Lage, zumindest einige Erkenntnisse darüber zu gewinnen, wie die Teilchenzahl und die verschiedenen energieminimierenden Strukturen für ein solches komplexes Verhalten sorgen.

Im Vergleich zur Lorentz-Transformation weisen die Strukturen aus dem Liénard-Wiechert-Ansatz eine Asymmetrie bezüglich der ξ-Achse auf. Die retardierten Zeiten führen dazu, dass sich die Teilchen nur in der negativen Halbebene befinden, quasi im „Windschatten" des Teilchens bei $\xi = 0$. Erklärung hierfür ist die Beschaffenheit des elektrischen Feldes, welches für hohe Impulse derartig verzerrt wird. Aufgrund der Form der Potentiallandschaft dauert die Minimierung der Gesamtenergie erheblich länger, da nur kleine Schritte gemacht werden können. Daher entfällt im Rahmen dieser Arbeit die Untersuchung der Teilchenzahlabhängigkeit für die Liénard-Wiechert-Ansätze. Zu vermuten wäre jedoch ein ähnliches Verhalten zur Skalierung $\Delta r \propto N^{-0.14}$ aus der Lorentz-Transformation. Interessant ist auch, dass aufgrund des Terms $\mathbf{n} - \boldsymbol{\beta}$ in den elektrischen Feldern 2D-Kristalle im Falle der Liénard-Wiechert-Potentiale nicht erhalten bleiben, sondern auch in die Filamentform übergehen. Erst wesentlich höhere Teilchenzahlen würden die Bildung paralleler Fäden erzwingen.

Insgesamt konnten also die Filament-Strukturen auch mit dem neuen Ansatz reproduziert werden, wenn auch mit etwas anderer Skalierung und Phänomenologie. Künftig zu untersuchen wäre noch die Dynamik unseres beobachteten Systems: Bleiben die hexagonalen Strukturen erhalten oder zerfließen sie in Form eines „degenerierten Elektronen-fluids"? Im Ansatz aus [32] konnte aufgrund der Taylor-Entwicklung die Dynamik vergleichsweise einfach betrachtet werden. In unseren neuen Ansätzen müsste die gesamte Vergangenheit aller Teilchen gespeichert werden, was mit einem erheblichen Rechenaufwand verbunden wäre.

Hier könnte noch überlegt werden, ob an dieser Stelle einige Approximationen getroffen werden könnten, sodass wir dabei immer noch
exaktere Ergebnisse als bisher erhalten. Interessant wäre auch, die
im Laufe dieser Arbeit beschriebenen Strukturen in Particle-in-Cell-
Codes (PIC-Codes) zu sehen, da hierüber ein Großteil der Forschung
läuft. Allerdings sind die hier auftretenden Größenskalen bisher nicht
auflösbar. Letztlich ist natürlich ein experimenteller Befund bezüglich
dieser elektronischen Strukturen wünschenswert. Denkbar hierfür
wären Streuexperimente, wobei hier noch theoretische Überlegungen
aufgestellt werden müssen, wie das Streu-Muster auszusehen hat.

Literaturverzeichnis

[1] E. L. Ginzton, W. W. Hansen, and W. R. Kennedy, "A linear electron accelerator," *Review of Scientific Instruments*, vol. 19, pp. 89–108, feb 1948.

[2] E. O. Lawrence and M. S. Livingston, "The production of high speed light ions without the use of high voltages," *Physical Review*, vol. 40, pp. 19–35, apr 1932.

[3] L. Evans and P. Bryant, "LHC machine," *Journal of Instrumentation*, vol. 3, pp. S08001–S08001, aug 2008.

[4] A. Pukhov and J. Meyer-ter Vehn, "Laser wake field acceleration: The highly non-linear broken-wave regime," *Appl. Phys. B*, vol. 74, p. 355, 2002.

[5] V. Malka, "Laser plasma accelerators," *Phys. Plasmas*, vol. 19, p. 055501, 2012.

[6] I. Y. Kostyukov and A. Pukhov, "Plasma-based methods for electron acceleration: current status and prospects," *Phys. Usb.*, vol. 58, no. 81, p. 1, 2015.

[7] F. F. Chen, *Introduction to Plasma Physics*. Springer Us, 2012.

[8] S. Y. Kalmykov, L. M. Gorbunov, P. Mora, and G. Shvets, "Injection, trapping, and acceleration of electrons in a three-dimensional nonlinear laser wakefield," *Phys. Plasmas*, vol. 13, p. 113102, 2006.

[9] S. Kalmykov, S. A. Yi, V. Khudik, and G. Shvets, "Electron self-injection and trapping into an evolving plasma bubble," *Phys. Rev. Lett.*, vol. 103, p. 135004, 2009.

© Springer Fachmedien Wiesbaden GmbH, ein Teil von Springer Nature 2020
L. Reichwein, *Struktur von Coulomb-Clustern im Bubble-Regime*, BestMasters,
https://doi.org/10.1007/978-3-658-28898-3

[10] J. Pronold, J. Thomas, and A. Pukhov, "External electron injection, trapping, and emittance evolution in the blow-out regime," *Physics of Plasmas*, vol. 25, p. 123112, dec 2018.

[11] B. Hidding, G. Pretzler, J. B. Rosenzweig, T. Königstein, D. Schiller, and D. L. Bruhwiler, "Ultracold electron bunch generation via plasma photocathode emission and acceleration in a beam-driven plasma blowout," *Phys. Rev. Lett.*, vol. 108, p. 035001, 2012.

[12] R. Weingartner, S. Raith, A. Popp, S. Chou, J. Wenz, K. Khrennikov, M. Heigoldt, A. R. Maier, N. Kajumba, M. Fuchs, B. Zeitler, F. Krausz, S. Karsch, and F. Gruener, "Ultralow emittance electron beams from a laser-wakefield accelerator," *PRST-AB*, vol. 15, p. 111302, 2012.

[13] M. Chen, E. Esarey, C. G. R. Geddes, E. Cormier-Michel, C. B. Schroeder, S. S. Bulanov, C. Benedetti, L. L. Yu, S. Rykovanov, D. L. Bruhwiler, and W. P. Leemans, "Electron injection and emittance control by transverse colliding pulses in a laser-plasma accelerator," *Phys. Rev. ST Accel. Beams*, vol. 17, p. 051303, 2014.

[14] S. Kneip, C. McGuffey, J. L. Martins, M. S. Bloom, V. Chvykov, F. Dollar, R. Fonseca, S. Jolly, G. Kalintchenko, K. Krushelnick, A. Maksimchuk, S. P. D. Mangles, Z. Najmudin, C. A. J. Palmer, K. T. Phuoc, W. Schumaker, L. O. Silva, J. Vieira, V. Yanovsky, and A. G. R. Thomas, "Characterization of transverse beam emittance of electrons from a laser-plasma wakefield accelerator in the bubble regime using betatron x-ray radiation," *Phys. Rev. ST Accel. Beams*, vol. 15 (2), p. 021302, 2012.

[15] J. B. Rosenzweig, D. B. Cline, B. Cole, H. Figueroa, W. Gai, R. Konecny, J. Norem, P. Schoessow, and J. Simpson, "Experimental observation of plasma wake-field acceleration," *Phys. Rev. Lett.*, vol. 61, p. 98, 1988.

[16] C. Joshi, "Plasma accelerators," *Scientific American*, vol. 294, pp. 40–47, February 2006.

[17] P. Chen, J. Dawson, R. Huff, and T. Katsouleas, "Acceleration of electrons by the interaction of a bunched electron beam with a plasma," *Phys. Rev. Lett*, vol. 54(7), pp. 693–696, 1985.

[18] B. Hidding, J. B. Rosenzweig, Y. Xi, B. O'Shea, G. Andonian, D. Schiller, S. Barber, O. Williams, G. Pretzler, T. Königstein, F. Kleeschulte, M. J. Hogan, M. Litos, S. Corde, W. W. White, P. Muggli, D. L. Bruhwiler, and K. Lotov, "Beyond injection: Trojan horse underdense photocathode plasma wakefield acceleration," *AIP Conf. Proc.*, vol. 1507, p. 570, 2012.

[19] M. Schnell, A. Sävert, B. Landgraf, M. Reuter, M. Nicolai, O. Jäckel, C. Peth, T. Thiele, O. Jansen, A. Pukhov, O. Willi, M. C. Kaluza, and C. Spielmann, "Deducing the electron-beam diameter in a laser-plasma accelerator using x-ray betatron radiation," *Phys. Rev. Lett.*, vol. 108, p. 075001, Feb 2012.

[20] A. Sävert, S. P. D. Mangles, M. Schnell, E. Siminos, J. M. Cole, M. Leier, M. Reuter, M. B. Schwab, M. Möller, K. Poder, O. Jäckel, G. G. Paulus, C. Spielmann, S. Skupin, Z. Najmudin, and M. C. Kaluza, "Direct observation of the injection dynamics of a laser wakefield accelerator using few-femtosecond shadowgraphy," *Phys. Rev. Lett*, vol. 115, p. 055002, 2015.

[21] V. Petrillo, A. Bacci, R. B. A. Zinati, I. Chaikovska, C. Curatolo, M. Ferrario, C. Maroli, C. Ronsivalle, A. R. Rossi, L. Serafini, P. Tomassini, C. Vaccarezza, and A. Variola, "Photon flux and spectrum of compton sources," *Nuclear Instruments and Methods in Physics Research Section A: Accelerators, Spectrometers, Detectors and Associated Equipment*, vol. 693, no. 0, pp. 109 – 116, 2012.

[22] M. Apostol and M. Ganciu, "Polaritonic pulse and coherent x- and gamma rays from compton (thomson) backscattering," *Journal of Applied Physics*, vol. 109, p. 013307, jan 2011.

[23] L. Landau and E. Lifschitz, *Lehrbuch der Theoretischen Physik II - Klassische Feldtheorie*, vol. Nachdruck der 12., unveraenderten

Aufl. 1992 (2009). Frankfurt am Main: Harri Deutsch Gmbh, 2009.

[24] G. E. Morfill and A. V. Ivlev, "Complex plasmas: An interdisciplinary research field," *Rev. Mod. Phys.*, vol. 81, pp. 1353–1404, Oct 2009.

[25] E. Wigner, "On the interaction of electrons in metals," *Phys. Rev.*, vol. 46, p. 1002, 1934.

[26] R. Crandall and R. Williams, "Crystallization of electrons on the surface of liquid helium," *Physics Letters A*, vol. 34, no. 7, pp. 404 – 405, 1971.

[27] G. Meissner, H. Namaizawa, and M. Voss, "Stability and image-potential-induced screening of electron vibrational excitations in a 3-layer-structure," *Phys Rev B*, vol. 13, p. 1370, 1976.

[28] D. H. E. Dubin and T. M. O'Neil, "Trapped nonneutral plasmas, liquids, and crystals (the thermal equilibrium states)," *Rev. Mod. Phys.*, vol. 71, pp. 87–172, Jan 1999.

[29] L. Reichwein, J. Thomas, and A. Pukhov, "Two-dimensional structures of electron bunches in relativistic plasma cavities," *Physical Review E*, vol. 98, jul 2018.

[30] H. Ruhl. https://www.plasma-simulation-code.net/index.html, Abgerufen am 27.01.2019.

[31] A. Pukhov, "Particle-in-cell codes for plasma-based particle acceleration," *CERN Yellow Reports*, pp. Vol 1 (2016): Proceedings of the 2014 CAS–CERN Accelerator School: Plasma Wake Acceleration, 2016.

[32] J. Thomas, M. M. Günther, and A. Pukhov, "Beam load structures in a basic relativistic interaction model," *Phys. Plasmas*, vol. 24, no. 1, p. 013101, 2017.

[33] J. D. Jackson, C. Witte, and M. Diestelhorst, *Klassische Elektro-dynamik*. Gruyter, Walter de GmbH, 2013.

[34] U. Stroth, *Plasmaphysik*. Vieweg+Teubner Verlag, 2011.

[35] E. Esarey, C. Schroeder, and W. Leemans, "Physics of laser-driven plasma-based electron accelerators," *Rev. Mod. Phys.*, vol. 81(3), p. 1229, 2009.

[36] W. Kruer, *The Physics of Laser Plasma Interactions*. WEST-VIEW PR, 2003.

[37] S. Gordienko and A. Pukhov, "Scalings for ultrarelativistic laser plasma and quasimonoenergetic electrons," *Physics of Plasmas*, vol. 12, p. 043109, 2005.

[38] J. Thomas, A. Pukhov, and I. Y. Kostyukov, "Temporal and spatial expansion of a multi-dimensional model for electron acceleration in the bubble regime," *Laser and Particle Beams*, vol. 32, no. 02, pp. 277–284, 2014.

[39] J. Thomas, I. Y. Kostyukov, J. Pronold, A. Golovanov, and A. Pukhov, "Non-linear theory of a cavitated plasma wake in a plasma channel for special applications and control," *Phys. Plasmas*, vol. 23, p. 053108, 2016.

[40] A. A. Golovanov, I. Y. Kostyukov, A. M. Pukhov, and J. Thomas, "Generalised model of a sheath of a plasma bubble excited by a short laser pulse or by a relativistic electron bunch in transversely inhomogeneous plasma," *Quantum Electronics*, vol. 46, no. 4, p. 4, 2016.

[41] A. A. Golovanov and I. Y. Kostyukov, "Bubble regime of plasma wakefield in 2d and 3d geometries," *Physics of Plasmas*, vol. 25, p. 103107, oct 2018.

[42] W. Lu, C. Huang, M. Zhou, M. Tzoufras, F. S. Tsung, W. B. Mori, and T. Katsouleas, "A nonlinear theory for multidimensio-

nal relativistic plasma wave wakefields," *Phys. Plasma*, vol. 13, p. 056709, 2006.

[43] I. Kostyukov, A. Pukhov, and S. Kiselev, "Phenomenological theory of laser-plasma interaction in "bubble"regime," *Phys. Plasmas*, vol. 11, no. 11, pp. 5256–5264, 2004.

[44] I. Kostyukov, E. Nerush, A. Pukhov, and V. Seredov, "A multidimensional theory for electron trapping by plasma wake generated in the bubble regime," *New J. Phys.*, vol. 12, p. 045009, 2010.

[45] A. Radzvilavičius and E. Anisimovas, "Topological defect motifs in two-dimensional coulomb clusters," *Journal of Physics: Condensed Matter*, vol. 23, no. 38, p. 385301, 2011.

[46] N. D. Mermin, "The topological theory of defects in ordered media," *Reviews of Modern Physics*, vol. 51, pp. 591–648, jul 1979.

[47] J. Barzilai and J. M. Borwein, "Two-point step size gradient methods," *IMA Journal of Numerical Analysis*, vol. 8, no. 1, pp. 141–148, 1988.

[48] K. Hamacher and W. Wenzel, "Scaling behavior of stochastic minimization algorithms in a perfect funnel landscape," *Physical Review E*, vol. 59, pp. 938–941, jan 1999.

[49] N. Metropolis, A. W. Rosenbluth, M. N. Rosenbluth, A. H. Teller, and E. Teller, "Equation of state calculations by fast computing machines," *The Journal of Chemical Physics*, vol. 21, pp. 1087–1092, jun 1953.

[50] T. Kadowaki and H. Nishimori, "Quantum annealing in the transverse ising model," *Physical Review E*, vol. 58, pp. 5355–5363, nov 1998.

[51] N. J. A. S. John Conway, *Sphere Packings, Lattices and Groups*. Springer New York, 2013.

[52] D. James, "Quantum dynamics of cold trapped ions with application to quantum computation," *Applied Physics B: Lasers and Optics*, vol. 66, pp. 181–190, feb 1998.

[53] F. Jarre and J. Stoer, *Optimierung*. Springer-Verlag Berlin Heidelberg, 2013.

[54] D. H. Whittum, "Electromagnetic instability of the ion-focused regime," *Phys. Fluids B*, vol. 4, no. doi:10.1063/1.860271, p. 730, 1992.

[55] W. Lu, M. Tzoufras, C. Joshi, F. Tsung, W. Mori, J. Vieira, R. Fonseca, and L. Silva, "Generating multi-gev electron bunches using single stage laser wf acc. in a 3d nonlin. regime," *Phys. Rev. ST Accel. Beams*, vol. 10, p. 061301, 2007.

[56] I. Kostyukov, E. Nerush, A. Pukhov, and V. Seredov, "Electron self-injection in multidimensional relativistic-plasma wake fields," *Phys. Rev. Lett.*, vol. 103, p. 175003, 2009.

[57] S. A. Yi, V. Khudik, S. Y. Kalmykov, and G. Shvets, "Hamiltonian analysis of electron self-injection and acceleration into an evolving plasma bubble," *Plasma Phys, Control. Fusion*, vol. 53, p. 014012, 2011.

[58] A. Melzer, A. Homann, and A. Piel, "Experimental investigation of the melting transition of the plasma crystal," *Phys Rev E*, vol. 53, p. 2757, 1996.

[59] A. Melzer, "Mode spectra of thermally excited two-dimensional dust coulomb clusters," *Phys Rev E*, vol. 67, p. 016411, 2003.

[60] M. Tzoufras, W. Lu, F. S. Tsung, C. Huang, W. B. Mori, T. Katsouleas, J. Vieira, R. A. Fonseca, and L. O. Silva, "Beam loading in the nonlinear regime of plasma-based acceleration," *Phys. Rev. Lett.*, vol. 101, p. 145002, 2008.

[61] H. Thomsen, P. Ludwig, M. Bonitz, J. Schablinski, D. Block, A. Schella, and A. Melzer, "Controlling strongly correlated dust clusters with lasers," *ArXiv e-prints*, vol. arXiv:1402.7182, 2014.

[62] K. T. Phuoc, S. Corde, C. Thaury, V. Malka, A. Tafzi, J. P. Goddet, R. C. Shah, S. Sebban, and A. Rousse, "All-optical compton gamma-ray source," *Nature Photonics*, vol. 6, p. 308, 2012.

[63] T. Schätz, U. Schramm, and D. Habs, "Crystalline ion beams," *Nature*, vol. 412, pp. 717–720, 2001.

[64] M. Nakahara, *Differentialgeometrie, Topologie und Physik*. Springer Berlin Heidelberg, 2015.

[65] P. Mora and T. M. J. Antonsen, "Kinetic modeling of intense, short laser pulses propagating in tenuous plasmas," *Phys. Plasmas*, vol. 4, p. 217, 1997.

[66] T. Tajima and J. M. Dawson, "Laser electron accelerator," *Phys. Rev. Lett.*, vol. 43, p. 267, 1979.

[67] K. Pyka, J. Keller, H. L. Partner, R. Nigmatullin, T. Burgermeister, D. M. Meier, K. Kuhlmann, A. Retzker, M. B. Plenio, W. H. Zurek, A. del Campo, and T. E. Mehlstaeubler, "Topological defect formation and spontaneous symmetry breaking in ion coulomb crystals," *Nature Communications*, vol. 4, aug 2013.

[68] J. C. Teo and T. L. Hughes, "Topological defects in symmetry-protected topological phases," *Annual Review of Condensed Matter Physics*, vol. 8, pp. 211–237, mar 2017.

[69] S. K. Zhdanov, M. H. Thoma, C. A. Knapek, and G. E. Morfill, "Compact dislocation clusters in a two-dimensional highly ordered complex plasma," *New Journal of Physics*, vol. 14, p. 023030, feb 2012.

[70] Y. P. Monarkha and V. E. Syvokon, "A two-dimensional wigner crystal (review article)," *Low Temperature Physics*, vol. 38, pp. 1067–1095, dec 2012.

[71] T. Kamimura, Y. Suga, and O. Ishihara, "Configurations of coulomb clusters in plasma," *Physics of Plasmas*, vol. 14, p. 123706, dec 2007.

[72] L. G. D'yachkov, M. I. Myasnikov, O. F. Petrov, T. W. Hyde, J. Kong, and L. Matthews, "Two-dimensional and three-dimensional coulomb clusters in parabolic traps," *Physics of Plasmas*, vol. 21, p. 093702, sep 2014.

Printed in the United States
By Bookmasters